Grzegorz Rutkowski

# Ustalenie optymalnej bezpiecznej prędkości statku

Grzegorz Rutkowski

# Ustalenie optymalnej bezpiecznej prędkości statku

## Optymalna bezpieczna prędkość statku

Wydawnictwo Bezkresy Wiedzy

**Imprint**
Any brand names and product names mentioned in this book are subject to trademark, brand or patent protection and are trademarks or registered trademarks of their respective holders. The use of brand names, product names, common names, trade names, product descriptions etc. even without a particular marking in this work is in no way to be construed to mean that such names may be regarded as unrestricted in respect of trademark and brand protection legislation and could thus be used by anyone.

Cover image: www.ingimage.com

Publisher:
Wydawnictwo Bezkresy Wiedzy
is a trademark of
International Book Market Service Ltd., member of OmniScriptum Publishing Group
17 Meldrum Street, Beau Bassin 71504, Mauritius
Printed at: see last page
**ISBN: 978-620-0-54495-7**

# SZACOWANIE OPTYMALNEJ BEZPIECZNEJ PRĘDKOŚCI EKSPLOATACYJNEJ STATKU

(dr inż. kpt.ż.w. Grzegorz Rutkowski)

E-mail: kptgrzegorzrutkowski@gmail.com

**Streszczenie:** Celem i zakresem niniejszego opracowania jest opisanie wybranych zagadnień związanych z właściwym doborem optymalnej bezpiecznej prędkości eksploatacyjnej statku w różnych fazach żeglugi z uwzględnieniem wytycznych Międzynarodowego Prawa Drogi Morskiej (*COLREG*), zaleceniami lokalnych administracji morskich, wytycznymi właściciela i armatora statku oraz zasadami tzw. dobrej praktyki morskiej. W niniejszej pracy autor podejmie również próbę zdefiniowania następujących pojęć: „prędkość bezpieczna", „prędkość krytyczna", „prędkość graniczona", „prędkość osiągalna", „prędkość ekonomiczna", „prędkość eksploatacyjna” oraz "prędkość optymalna". Autor zaproponuje również metodę szacowania bezpiecznej prędkości eksploatacyjnej statku w akwenie ograniczonym na podstawie analizy opracowanego wcześniej przestrzennego modelu domeny statku.

**Słowa kluczowe:** planowanie podróży, prędkość bezpieczna, rekomendowana prędkość eksploatacyjna, prędkość optymalna, prędkość krytyczna, prędkość graniczna, prędkość osiągalna

## SPIS TREŚCI

Numer strony.

## Wykaz stosowanych symboli

$A$ = pole powierzchni przekroju poprzecznego oszacowane dla kanału żeglownego w metrach kwadratowych, [m$^2$]; Dla kanału trapezowego pole to wyraża się wzorem: $A = 0.5 \cdot (b + b_0) \cdot h_0$, gdzie $b$= średnia szerokość kanału nawigacyjnego mierzona na powierzchni wody, $b_o$= średnia szerokość kanału mierzona na głębokości nawigacyjnej kanału $h_o$, $h_o$= głębokość nawigacyjna kanału żeglownego;

$AD_{max}$= z ang. *Advance*, maksymalne przemieszczenie czołowe statku (w literaturze polskojęzycznej oznaczane zwykle symbolem $PC_{max}$=$AD_{max}$), wyrażone w metrach, mierzone podczas zmiany kursu statku ($\Delta TC$=$\Delta KR$) o wartość większą niż 090° ($\Delta$TC $\geq$ 090°) lub podczas manewru awaryjnego zatrzymywania statku w ruchu oznaczając jego maksymalną spodziewaną drogę hamowania, [m];

$ADT$= z ang. *Air Draft*, wysokość nadwodna statku, czyli pionowa wysokość najwyższego punktu statku (uwzględniając w tym przewożony ładunek) mierzona nad linią wodną, wyrażona w metrach, w literaturze polskojęzycznej oznaczana również symbolem $H_N$=$ADT$, [m];

$A_M$ = pole przekroju poprzecznego podwodnej części kadłuba statku liczone na owrężu wyrażone w metrach kwadratowych: $A_M \approx B \cdot T$, gdzie $B$= szerokość statku, $T$= zanurzenie statku, [m$^2$];

$b$= szerokość akwenu żeglownego wyrażona w metrach. Symbol $\bar{b}$ oznacza wartość średnią, [m];

$B$= szerokość statku wyrażona w metrach odczytywana z danych statku (ang. *Ship's Particulars*), karty Pilotowej oraz np. systemu AIS, [m];

$B_C$= pozorna szerokość pasa ruchu statku wyrażona w metrach, [m]; przy dryfie statku α= poprawka na wiatr= *wind leeway angle*, znosie statku β= poprawka na prąd= *current deviation*= *drift angle* oraz kącie myszkowania statku Δ= *ship's yawing* (α, β i Δ wyrażane w stopniach miary kątowej [°]), szerokość pozornego pasa ruchu statku w metrach wyraża się wzorem: $B_C = L \cdot \sin(\alpha + \beta + \Delta) + B \cdot \cos(\alpha + \beta + \Delta)$;

$\Delta B$= współczynnik korekcyjny wyrażony w metrach wprowadzony przez autora w celu zwiększenia szerokości domeny statku w skutek oszacowanych błędów poprzecznych pozycji obserwowanej statku $\delta y(Bi)$ określonych dla znanych czynników $Bi$ wpływających na wartość szerokości domeny statku ($SD_W$) obliczonych z prawdopodobieństwem P=95%. W niniejszym opracowaniu przyjęto: ΔB= 10 m;

$c$ = prędkość fazowa fali wyrażona w metrach na sekundę [m/s];

$C_B$= współczynnik pełnotliwości kadłuba określający stosunek objętości podwodnej części kadłuba do objętości bryły o wymiarach odpowiednio równych: *B, L, T*, gdzie: *L*=długość statku, *B*= szerokość statku, *T*= zanurzeniu statku;

$COG$= z ang. *Course Over Ground*, kąt drogi statku nad dnem: $\overrightarrow{V_d} = [COG, SOG]$, wyrażony w stopniach miary kątowej, [°];

$CTW$= z ang. *Course Through Water*, kąt drogi statku po wodzie: $\overrightarrow{V_w} = [CTW, STW]$ wyrażony w stopniach miary kątowej, [°];

*CVC*= z ang. *Charted Vertical Clearance*, czyli zaznaczony na mapach nawigacyjnych prześwit powietrza pod mostem, linią energetyczną lub inną przeszkodą nadwodną. Na wodach pływowych prześwit ten podawany jest zwykle względem poziomu wody wysokiej (np. *HW= High Water, HAT= Highest Astronomical Tide=* Najwyższy Pływ Astronomiczny, *MHWS= Mean High Water Spring=* Średnia Wysoka Woda Syzygijna), na pozostałych akwenach CVC podawany jest zwykle względem średniego poziomu morza (ang. *Mean Sea Level= MSL*), [m];

$d_N$= odległość do najbliższego niebezpieczeństwa (np. zarysu domeny statku obcego, przeszkody nawigacyjnej, izobaty bezpiecznej głębokości itp.) wyrażana w metrach i szacowana zwykle na ściśle określonych kierunkach, np. przed dziobem ($d_{NF}$), za rufą ($d_{NA}$), po lewej ($d_{NP}$) i prawej ($d_{NS}$) burcie statku [m];

$d_{NA}$= odległość do najbliższego niebezpieczeństwa wyrażona w metrach liczona wzdłuż linii kursu statku w kierunku za jego rufę (ang. *Aft*), [m];

$d_{NF}$= odległość do najbliższego niebezpieczeństwa wyrażona w metrach liczona wzdłuż linii kursu statku w kierunku przed jego dziobem (ang. *Forward*), [m];

$d_{NP}$= odległość do najbliższego niebezpieczeństwa wyrażona w metrach liczona na kierunku prostopadłym do linii kursu statku w kierunku za jego lewą burtę (ang. *Port side*), [m];

$d_{NS}$= odległość do najbliższego niebezpieczeństwa wyrażona w metrach liczona na kierunku prostopadłym do linii kursu statku w kierunku za jego prawą burtę (ang. *Starboard side*), [m];

$d_{Vn}$= odległość wyrażona w metrach na jaką statek przemieści się podczas manewru wytracania prędkości z wartości początkowej $V_o$ do zadanej wartości $V_n$ po upływie czasu *t*, [m];

$D$ = wyporność statku (z ang. *Displacement*) wyrażona w tonach metrycznych (1t = 1000 kg), [t];

$D_o$= odległość wyrażona w milach morskich liczona od bieżącej pozycji statku do kolejnego punktu przeznaczenia np. stacji pilotowej w kolejnym porcie przeznaczenia (z ang. *distance remaining from the present ship's position to the next point of destination*), [NM];

*Drift*= oznacza sumaryczną wartość wektora prędkości prądu (a niekiedy również wektora zakłóceń od wiatru i fali) wyrażaną w węzłach. W literaturze anglojęzycznej: *Drift*= $V_{SD}$ [kn], $\overrightarrow{V_{SD}} = [Set, Drift]$. Sumaryczny wektor prądu (*total current=water flow*) jest sumą wektorów prądu morskiego (*sea current*), rzecznego (*river current*) oraz prądu pływowego (*tide stream*). W literaturze polskojęzycznej wielkość ta oznaczana jest symbolem $Vp= V_{SD}$, gdzie wektor $\overrightarrow{V_p} = [Kp, Vp]$, opisuje kierunek prądu (*Kp*) oraz prędkość prądu (*Vp*). W praktyce wpływ oddziaływania prądu i wiatru na statek utożsamiany jest również z tzw. prędkością boczną „spychania" statku z wyznaczonego kursu (ang. *drift*), mierzonej na dziobie i rufie statku, gdzie prąd działający w kierunku do prawej burty z definicji jest traktowany jako dodatni, a prąd działający w kierunku do lewej burty statku jako prąd ujemny. Średnia wartość wpływu prądu i wiatru (ang. *drift*) jest sumą wartości zmierzonych na dziobie i rufie podzieloną przez 2. Na logu dopplerowskim może to być *SOG* lub *STW*, zalecane *SOG* zarejestrowane w kierunkach bocznych i wyrażone w węzłach, [kn]

$D_{sp}$= średnica śruby okrętowej (z ang. *Diameter of the ship's propeller*) wyrażona w metrach, w literaturze polskojęzycznej wielkość oznaczana symbolem: $D_{śr}= D_{sp}$, [m];

$F_{a}$= powierzchnia boczna nawiewu (z ang. *lateral air side surface*), powierzchnia boczna nadwodnej części kadłuba wyrażona w metrach kwadratowych, [$m^2$];

$F_h$= liczba Froude'a dla prędkości statku *v* i głębokości akwenu *h*:

$$F_h = v/\sqrt{g \cdot h};$$

$F_w$= powierzchnia boczna przekroju wzdłużnego podwodnej części kadłuba statku, wyrażona w metrach kwadratowych, [$m^2$];

*g* = przyspieszenie ziemskie oddziaływujące w wyniku połączonego efektu grawitacji i siły odśrodkowej z obrotu Ziemi: $g = 9{,}81$ m/s$^2$;

*h*= głębokość akwenu wyrażona w metrach, $\bar{h}$ oznacza wartość średnią, [m];

$h_f$= wysokość fali wyrażona w metrach [m];

$H_N$= wysokość nadwodnej części kadłuba (ang. *Air Draft=ADT=* $H_N$) wyrażana w metrach i liczona od powierzchni wodnicy pływania do najwyższej położonego punktu na statku włączając w to przewożony ładunek, [m];

$H_o$ = aktualny prześwit wody pod mostem lub inną przeszkodą nadwodną. $H_o$ rozumiane jest jako odległość między poziomem wody a wysokością najbliższych obiektów wiszących nad wodą umieszczonych na trasie przejścia statku. Jeżeli dla mostu lub innej przeszkody prześwit pionowy podany na mapie (CVC) odnosi się do poziomu wody wysokiej, to wówczas należy uwzględnić wysokość pływu i odnieść ten poziom do poziomu CD zera mapy: $(H_o = CVC \pm \Delta Tide)$, [m];

$H_{sp}$= skok nastawy płatów (ang. *Pitch*) okrętowej śruby napędowej wyrażony w metrach, w literaturze polskojęzycznej oznaczany niekiedy symbolem $H_{śr}$, gdzie: $H_{sp}= H_{śr}$, [m];

$k$= bezwymiarowy współczynnik wprowadzony przez autora korygujący wartość dynamicznej nawigacyjnej rezerwy głębokości $R_d$ w zależności od parametrów statku (jego prędkości $V$, szerokości $B$, długości $L$, współczynnika pełnotliwości kadłuba $C_B$) oraz parametrów fali (jej długości λ, wysokości $h_f$ oraz kąta natarcia fali $q$);

$k$= bezwymiarowy współczynnik wprowadzony przez Römisch-a (stosowany we wzorze (27)) przy ustalaniu prędkości granicznych statku, zależny od wymiarów statku (L, B, T) oraz parametrów kanału żeglownego (b, h).

$k'$= bezwymiarowy współczynnik proporcjonalności oporu według wzoru (67),

$k''$= Bezwymiarowy współczynnik liczbowy zależny od typu statku i warunków zewnętrznych, opracowany przez M. Jurdzińskiego do szacowania optymalnej prędkości eksploatacyjnej w oparciu o wzór uproszczony (34).

$K$= bezwymiarowy współczynnik określający wskaźnik zwrotności statku;

$K_s$= bezwymiarowy współczynnik charakteryzujący stosunek siły naporu śruby okrętowej pracującej wstecz do siły oporu kadłuba;

$K_T$ = bezwymiarowy współczynnik naporu śruby;

$l$= bezwymiarowy współczynnik (faktor: $1.1 \leq l \leq 1.5$) zależny od długości statku $L$ oraz jego szerokości $B$ korygujący osiadanie statku w ruchu stosowany przy metodzie G.I. Soukhomela i V.M. Zassa;

$l'$= długość obwodu zwilżonej części kanału wyrażona w metrach i analizowana w polu przekroju poprzecznym kanału nawigacyjnego, [m];

$l_M$= długość obwodu zwilżonej części kadłuba analizowana w przekroju poprzecznym statku na śródokręciu wyrażona w metrach, [m];

$L$= całkowita długość statku wyrażona w metrach odczytywana z danych statku (ang. *Ship's Particulars*), karty Pilotowej (ang. *Pilot Card*) oraz np. systemu AIS: $L= L_c=LOA$, [m];

$L_{RF}$= odległość wyrażona w metrach zmierzona pomiędzy rzutem pionowym pozycji anteny radarowej na płaszczyznę wodnicy pływania a dziobem statku. Wielkość uzyskana z danych szczegółowych statku (*Ship's Particulars*), [m];

$\Delta L$= współczynnik definiujący wzrost długości domeny statku ($SD_L$) wzdłuż osi OX, równy błędowi $M_{OX}$ całkowitych błędów elipsy $\delta x(Bi)$ wszystkich czynników *Bi*, które wpływają na $SD_L$, oszacowanych z poziomem prawdopodobieństwa $P$= 95% ($C$=2.44). W niniejszym opracowaniu przyjęto: $\Delta L$= 20m;

$m$= wprowadzony przez autora bezwymiarowy współczynnik (faktor: 1.0 ≤ m ≤ 2.0) korygujący składową pionową rezerwy nawigacyjnej statku ($SD_D$) związanej z jego osiadaniem ($R_{squat} = f\,(m, V, B, L, T, CB, h, b)$) ustalony w zależności od aktualnej sytuacji nawigacyjnej, w której znalazł się ten statek (np. wyprzedzanie, mijanie, przemieszczanie się na płyciźnie ponad nierównościami dennymi, nawigacja w lodzie, mule itp.) oraz rozbieżności w parametrach statku i parametrach basenu od parametrów przyjętych w źródłowej metodzie obliczania osiadania statku w ruchu;

$n$= bezwymiarowy współczynnik wprowadzony przez autora korygujący składową statyczną głębokości domeny statku ($SD_D$) w funkcji zanurzenia statku $T$ zależny od typu akwenu (portowe, tory przybrzeżne, akweny otwarte) oraz rodzaju dna (skaliste, piaszczyste, muliste).

$N_G$= moc wytworzona (ang. *power generated* = $N_G$, skrót polskojęzyczny= $N_{w,}$), wartość wyrażona w koniach mechanicznych KM [BHP] lub kilowatach [kW]: 1 koń mechaniczny [BHP] =745.6999 Watt;

$p$= wprowadzony przez autora bezwymiarowy współczynnik korygujący parametry domeny statku w zależności od szkodliwości ładunku jaki przewozi on na swoim pokładzie. Współczynnik ten (faktor: $1 \leq p \leq 2$) zwiększa margines bezpieczeństwa rezerwy nawigacyjnej w przypadku nietypowej sytuacji, która może doprowadzić do wypadku morskiego (katastrofy) lub zanieczyszczenia środowiska. W niniejszym opracowaniu autor zaleca użycie następujących wartości dla współczynnika $p$: dla statków w stanie pod balastem lub bez niebezpiecznego ładunku na pokładzie (ładunek nieszkodliwy, neutralny dla ludzi i środowiska): $p$= 1. Dla statków przewożących ładunek o dużej szkodliwości dla ludzi i środowiska, np. substancje łatwopalne, ropa naftowa, gaz ziemny: $p$= 1.5. Dla statków o bardzo szkodliwym ładunku dla ludzi i środowiska, np. substancje radioaktywne, żrące chemikalia, substancje wybuchowe: $p$= 2.0.

$r_L$= wprowadzony przez autora bezwymiarowy współczynnik liczbowy ($0 \leq r_L \leq 2$), korygujący długość domeny statku ($SD_L$) w zależności od jego sytuacji nawigacyjnej, a w szczególności uprzywilejowania zgodnie z MPDM (ang.

*COLREG*). W niniejszym opracowaniu autor zaleca użycie następujących wartości dla współczynnika $r_L$: Dla statku na mieliźnie lub na kotwicy: $r_L$ = 0. Dla statków uprzywilejowanych, takich jak statek o ograniczonej zdolności manewrowej (z wyjątkiem statku zajętego oczyszczaniem z min oraz statku zajętego połowem): $r_L$ = 1.5. W przypadku statków żaglowych, statków ograniczonych swym zanurzeniem oraz statków nie odpowiadających za swoje ruchy: $r_L$ = 2;

$r_W$= wprowadzony przez autora bezwymiarowy współczynnik liczbowy ($0 \leq r_W \leq 2$), korygujący szerokość domeny statku ($SD_W$) w zależności od jego aktualnej sytuacji nawigacyjnej, a w szczególności jego uprzywilejowania zgodnie z MPDM (ang. *COLREG*). W niniejszym opracowaniu autor zaleca użycie następujących wartości dla współczynnika $r_W$: Dla statku na mieliźnie lub na kotwicy: $r_W$= 0. Dla statków ograniczonych swym zanurzeniem: $r_W$= 1. Dla statków uprzywilejowanych, takich jak statek o ograniczonej zdolności manewrowej (z wyjątkiem statku zajętego oczyszczaniem z min oraz statku zajętego połowem): $r_W$ = 1.5. Dla statków żaglowych oraz statków nieodpowiadających za swoje ruchy: $r_W$= 2;

$R_h$ = promień hydrauliczny szacowany dla nawigacyjnych kanałów żeglownych, wielkość wyrażony w metrach [m];

$R_N$ = wielkość bezwymiarowa wprowadzona prze autora opisująca umownie przez wartość liczbową $R_N \in \langle 0;1 \rangle$ skalę tzw. ryzyka nawigacyjnego, a w sposób pośredni również tzw. skalę bezpieczeństwa prowadzenia nawigacji ($B_N$) w danym akwenie: $R_N + B_N = 1$; $B_N = 1 - R_N$;

$R_{ND}$ = wprowadzona przez autora wielkość bezwymiarowa opisująca składową ryzyka nawigacyjnego $R_N$ od zachowania wymaganej rezerwy głębokości mierzonej wzdłuż osi OZ w dół od aktualnej wodnicy pływania (znacznik *D=Depth*). Parametr ten opisuje ryzyko nawigacyjne (szacowane w skali od 0 do 1) związane z możliwością uderzenia kadłubem statku o dno, jeśli nie będzie tam zachowana bezpieczna głębokość akwenu z oszacowanym wcześniej wymaganym prześwitem wody pod stępką statku $UKC_R$ (ang. *Adequate Depth with Required Under Keel Clearance*);

$R_{NH}$ = wielkość bezwymiarowa opisująca składową ryzyka nawigacyjnego $R_N$ od zachowania wymaganej rezerwy wysokości mierzonej wzdłuż osi OZ w górę od aktualnej wodnicy pływania (znacznik *H=Height*). Parametr ten opisuje ryzyko nawigacyjne (szacowane w skali od 0 do 1) związane z możliwością uderzenia kadłubem statku (uwzględniając tu przewożony i/lub holowany przez statek ładunek) o konstrukcję mostu lub inną zawieszoną przeszkodę na trasie przejścia statku, jeśli nie będzie tam zachowana wymagana rezerwa wysokości ($ADT+OHC_R<$CVC), $OHC_R$=*Required Overhead Clearance*;

$R_{NLA}$= wielkość bezwymiarowa opisująca składową ryzyka nawigacyjnego $R_N$ od zachowania wymaganej bezpiecznej długości (odległości $d_{NLA}$ do najbliższego niebezpieczeństwa nawigacyjnego umieszczonego wzdłuż osi OX) w kierunku za rufą statku własnego (znacznik *LA= Length Aft Astern*). Parametr ten opisuje ryzyko nawigacyjne (szacowane w skali od 0 do 1) związane z możliwością zderzenia się statku własnego z przeszkodą nawigacyjną usytuowaną w kierunku za statkiem (ang. *Adequate Required Safe Distance from the Nearest Danger Astern of the Ship*);

$R_{NLF}$= wielkość bezwymiarowa opisująca składową ryzyka nawigacyjnego $R_N$ od zachowania wymaganej bezpiecznej długości (odległości $d_{NLF}$ do najbliższego niebezpieczeństwa nawigacyjnego umieszczonego wzdłuż osi OX) w kierunku przed dziobem statku własnego (znacznik *LF= Length Forward*). Parametr ten opisuje ryzyko nawigacyjne (szacowane w skali od 0 do 1) związane z możliwością zderzenia się statku własnego z przeszkodą nawigacyjną usytuowaną w kierunku przed statkiem (ang. *Adequate Required Safe Distance from the Nearest Danger Ahead of the Ship*);

$R_{NWP}$= wielkość bezwymiarowa opisująca składową ryzyka nawigacyjnego $R_N$ od zachowania wymaganej bezpiecznej szerokości (odległości $d_{NWP}$ do najbliższego niebezpieczeństwa nawigacyjnego umieszczonego wzdłuż osi OY) w kierunku na burtę lewą (znacznik *WP= Width Port Side*). Parametr ten opisuje ryzyko nawigacyjne (szacowane w skali od 0 do 1) związane z możliwością zderzenia się statku własnego z przeszkodą nawigacyjną usytuowaną w kierunkach po lewej burcie statku (ang. *Adequate Required Safe Distance from the Nearest Danger on Ship's Port Side*);

$R_{NWS}$= wielkość bezwymiarowa opisująca składową ryzyka nawigacyjnego $R_N$ od zachowania wymaganej bezpiecznej szerokości (odległości $d_{NWS}$ do najbliższego niebezpieczeństwa nawigacyjnego umieszczonego wzdłuż osi OY) w kierunku na burtę prawą (znacznik *WS= Width Starboard Side*). Parametr ten opisuje ryzyko nawigacyjne (szacowane w skali od 0 do 1) związane z możliwością zderzenia się statku własnego z przeszkodą nawigacyjną usytuowaną w kierunkach po prawej burcie statku (ang. *Adequate Required Safe Distance from the Nearest Danger on Ship's Starboard Side*);

$R_{squat}$= składowa pionowa rezerwy nawigacyjnej statku związana ze zjawiskiem jego osiadania (ang. *Squat*). W niektórych publikacjach wielkość ta oznaczana jest symbolem $z$ ($R_{squat}= z$). Jest ona mierzona wzdłuż osi OZ w dół od aktualnej linii wodnicy pływania i wyrażana w metrach, [m];

$S=$ bezwymiarowy współczynnik określający względny przekrój poprzeczny kanału: $S=A_M/A$;

$SD_D=$ ang. *Ship's Domain Depth*, głębokość domeny statku wyrażana w metrach liczona wzdłuż osi OY w dół od płaszczy wodnicy pływania (w publikacjach polskojęzycznych oznaczana jest symbolem: $G_D= SD_D$), [m];

$SD_H=$ ang. *Ship's Domain Height*, wysokość domeny statku wyrażana w metrach liczona wzdłuż osi OY w górę od płaszczy wodnicy pływania (w publikacjach polskojęzycznych oznaczana jest symbolem: $W_D= SD_H$), [m];

$SD_{LA}=$ ang. *Ship's Domain Lenght Aft (Astern)*, długość domeny statku liczona w kierunku za rufę. Wielkość wyrażana w metrach, liczona wzdłuż osi OX od centrum układu (rzutu pozycji anteny radarowej na płaszczyznę wodnicy pływania) w kierunku za rufę. W publikacjach polskojęzycznych opisywana jest symbolem $D_{Dr}=SD_{LA}$, [m];

$SD_{LF}=$ ang. *Ship's Domain Lenght Forward*, długość domeny statku liczona w kierunku przed dziobem. Wielkość wyrażana w metrach, liczona wzdłuż osi OX od centrum układu (rzutu pozycji anteny radarowej na płaszczyznę wodnicy pływania) w kierunku przed dziobem statku. W publikacjach polskojęzycznych opisywana jest symbolem $D_{Ddz}=SD_{LF}$), [m];

$SD_{WP}=$ ang. *Ship's Domain Width Port Side*, szerokość domeny liczona w kierunku na lewą burtę statku. Wielkość wyrażana w metrach, liczona wzdłuż osi OY na kierunku prostopadłym do linii kursu statku ($TC= {}^{o}TC=KR$) w kierunku na jego lewą burtę (ang. *Port Side*). W publikacjach polskojęzycznych oznaczana jest symbolem $S_{Dl} = SD_{WP}$, [m];

$SD_{WS}=$ ang. *Ship's Domain Width Starboard Side*, szerokość domeny liczona w kierunku na prawą burtę statku. Wielkość wyrażana w metrach, liczona wzdłuż osi OY na kierunku prostopadłym do linii kursu statku ($TC= {}^{o}TC=KR$) w kierunku na jego prawą burtę (ang. *Starboard Side*). W publikacjach polskojęzycznych oznaczana jest symbolem $S_{Dp}= SD_{WS}$, [m];

*Set*= anielska nazwa określająca kierunek oddziaływania wektora zakłóceń pochodzących od działania prądów wodnych (ang. *Total Current Direction,* $\overrightarrow{V_z} = [Set, Drift]$). Wielkość wyrażona w stopniach miary kątowej, [°],

$s_L=$ wprowadzony przez autora bezwymiarowy współczynnik liczbowy (ang. *length factor*) korygujący parametr przemieszczenia czołowego statku *PC* (ang. *Advance= AD*) szacowany podczas manewru zmiany kursu i/lub wytracania prędkości statku określany w przypadku pojawienia się warunków innych niż te, które uznano za wzorcowe i opisano je w karcie pilotowej oraz dokumentacji manewrowej statku (ang. *Pilot Card, Wheelhouse Poster*) na podstawie przeprowadzonych wcześniej prób morskich podczas których wpływ zakłóceń zewnętrznych (np. od odziaływania prądu, wiatru i fali) nie był uwzględniany. Patrz Tabele 14, 15 i 16.

$s_W$= wprowadzony przez autora bezwymiarowy współczynnik liczbowy (ang. *width factor*) korygujący parametr przemieszczenia bocznego statku *PB* (ang. *Transfer= TR*) szacowany podczas manewru zmiany kursu i/lub wytracania prędkości statku określany w przypadku pojawienia się warunków innych niż te, które uznano za wzorcowe i opisano je w karcie pilotowej oraz dokumentacji manewrowej statku (ang. *Pilot Card, Wheelhouse Poster*) na podstawie przeprowadzonych wcześniej prób morskich podczas których wpływ zakłóceń zewnętrznych (np. od odziaływania prądu wiatru i fali) nie był uwzględniany. Patrz Tab. 14 do16.

*SOG*= ang. *Speed Over Ground*, prędkość statku nad dnem, wartość otrzymywana z logów dopplerowskich oraz pozycyjnych systemów nawigacyjnych np. GNSS/GPS. W publikacjach polskojęzycznych wielkość ta opisywana jest również symbolem $V_d$=*SOG*, gdzie wektor $\overrightarrow{V_d} = [COG, SOG]$, opisuje zarówno kierunek (*COG*) jak i wartość prędkości (*SOG*) szacowanych względem dna akwenu. W nawigacji morskiej parametr *SOG* wyrażany jest w węzłach: (1 kn = 1 NM/godz. = 0.514 m/s), [kn];

*STW*= ang. *Speed Through Water*, wartość liczbowa wektora prędkości statku po wodzie wyrażana w węzłach, [kn]; W publikacjach polskojęzycznych wielkość ta opisywana jest również symbolem $V_w$=*STW*, gdzie wektor $\overrightarrow{V_w} = [CTW, STW]$, opisuje zarówno kierunek (*CTW*) jak i wartość prędkości (*STW*) szacowanych względem lustra wody.

$t_m$= ang. *Time for Needed Manoeuvre*, okres czasu potrzebny na wykonanie pożądanego manewru statkiem. Wielkość wyrażana w minutach i/lub sekundach skali czasu, w niektórych publikacjach oznaczana również symbolem $T_m$= $t_m$. Wielkość dotyczy zwykle manewru wytracania prędkości statku, jego awaryjnego wyhamowywania, zatrzymywania statku (np. $Tm_{FAH\text{-}FAS}$, gdzie *FAH*= Cała Naprzód, *FAS*= Cała Wstecz) lub zmiany kierunku jego ruchu (czyli np. zmiany kursu początkowego *KR=TC*) o wartość $\Delta TC \geq 090°$. Dane te otrzymuje się zwykle z karty pilotowej (ang. *Pilot Card*), wykresów cyrkulacji statku (ang. *Turning Circle Diagrams*) oraz innych danych manewrowych statku (ang. *Wheelhouse Poster*), [min];

$t_{mFAH\text{-}Stop}$= ang. *Time for free inertial stop manoeuvre at sea speed full ahead*= okres czasu potrzebny na wykonanie manewru swobodnego zatrzymywania się statku od prędkości początkowej Cała Naprzód Morska (ang. *Sea Speed Full Ahead*= *FAH*) po całkowitym zatrzymaniu urządzeń napędowych (Silniki Stop). Wielkość podawana w minutach i sekundach skali czasu określana podobnie jak $t_m$ z karty pilotowej (ang. *Pilot Card*) oraz innych danych manewrowych statku (ang. *Wheelhouse Posters*), [min];

$t_n$= ang. *Time it takes to reach the speed* $V_n$, oznacza okres czasy potrzebny do osiągnięcia wymaganej prędkości $V_n$ oznaczany niekiedy również symbolem $T_n$. Wielkość wyrażana w minutach i sekundach skali czasu określana podobnie jak $t_m$ z karty pilotowej (ang. *Pilot Card*) oraz innych danych manewrowych statku (ang. *Wheelhouse Posters*), [min];

$t_r$= ang. *Time needed for appropriate reaction*, oznacza okres czasu potrzebny na wykonanie odpowiedniej reakcji manewrowej (antykolizyjnej), czyli właściwą ocenę sytuacji nawigacyjnej w akwenie oraz wydanie odpowiedniego polecenia na telegraf maszynowy i ster. W niektórych publikacjach wielkość ta opisywana jest również wielką literą jako $T_r = t_r$. W praktyce $t_r \approx$ 0.5 min do 3.0 min w zależności od kompetencji osoby prowadzącej statek oraz jego nabytego doświadczenia tzw. morskiego. Wielkość wyrażana zwykle w minutach skali czasu, [min],

$T$= ang. *Ship's Draught*, zanurzenie statku, wartość wyrażana w metrach, [m];

°$TC$= ang. *Ship's True Course*= *TC*= *°TC*= *KR*, kurs rzeczywisty statku (w publikacjach polskojęzycznych zapisywany jako *KR*), wielkość wyrażana w stopniach skali kątowej, [ °].

$T_{max}$= maksymalne (statyczne) zanurzenie statku (ang. *maximum draft of the ship*) wyrażone w metrach, [m];

$T_o$= pożądany czas podróży związany z planowanym przybyciem do punktu przeznaczenia (ang. *Desired Travel Time Associated with ETA*). W transporcie morskim wielkość ta wyrażana jest w dniach i/lub godzinach planowanej podróży morskiej, [godz.];

$TR_{neg}$= ang. *Ship's 'negative' transfer (maximum value)*, nazywana potocznie w żargonie morskim jako '*Kick*', czyli z ang. tzw. kopnięcie „ujemne" statku lub przemieszczenie boczne w kierunku przeciwnym do przyjętego kierunku jego ruchu (wartość maksymalna) mierzone w metrach, obserwowane po stronie przeciwnej do wyznaczonego kierunku ruchu podczas manewrów zmiany jego kursu (cyrkulacji), wytracania prędkości i/lub zatrzymywania statku w ruchu. W literaturze polskojęzycznej wielkość ta opisywana jest jako *PU*=Przemieszczenie Ujemne lub wspomniane wcześniej '*Kick*'. Dla statków handlowych maksymalna wartość $TR_{neg}=PU$ przyjmowana jest zwykle od 1.0 do 1.5 szerokości statku *B* dla manewru pełnej cyrkulacji określonej z prędkością Cała Naprzód Morska (SFAH) oraz około 1.5 wartości długości statku $L$ dla manewru awaryjnego zatrzymywania się statku tzw. manewrem *Crash Stop*, czyli pracą silnika z cała naprzód do cała wstecz (*Full Ahead-Full Astern*), [m];

$TR_{max}$= maksymalne przemieszczenie boczne statku, w literaturze polskojęzycznej określane zwykle mianem $PB_{max}$= $TR_{max}$ (ang. *Ship's Transfer=TR maximum value*), oznacza maksymalną wartość przemieszczenia bocznego statku mierzoną na kierunkach prostopadłych do pierwotnego kierunku ruchu podczas wykonywania manewrów cyrkulacji (planowanej zmiany jego kursu) oraz przy wytracaniu prędkości podczas zatrzymywania statku w ruchu. W przypadku manewru cyrkulacji wartości $PB_{max}$= $TR_{max}$ obserwowane są zwykle przy zmianie kursu początkowego o $\Delta KR \geq 180°$. W transporcie morskim wartości te podawane są zwykle w metrach i są one dostępne na mostku nawigacyjnym w dokumentacji manewrowej statku (np. kartach pilotowych, na wykresach cyrkulacji, diagramach manewrowych statku własnego).

$T_x$ = współczynnik charakteryzujący energię kinetyczną wynikający z masy statku i masy wody towarzyszącej oraz przeciwstawiającej się im siły oporu $T_X = 0.0999 \cdot \frac{D \cdot V_O^3}{\eta \cdot \eta_g \cdot N_G}$;

$\Delta Tide$= ang. *Tide Correction*, oznacza różnicę pomiędzy aktualnym prześwitem powietrza pod mostem lub inną przeszkodą nadwodną ($H_o$) a prześwitem pionowym (*CVC*) zaznaczonym na mapach nawigacyjnych skorygowanych i odniesionych do tego samego poziomu Zera Mapy (zwykle poziomu *LAT* lub *MSL*), ($\Delta Tide = H_o - CVC$) [m];

$WF_S$= prędkość sumarycznego prądu wodnego (ang. *Water Flow Speed*) będąca sumą prądów morskich (*Sea Current*), prądów rzecznych (*River Current*) oraz prądów pływowych (*Tide Stream*), wyrażona w węzłach (morskich jednostkach prędkości), [kn];

$WF_D$= kierunek sumarycznego wektora prądu wodnego (ang. *Water Flow Direction*) będący wypadkową sumy wektorów prądu morskiego (*Sea Current*), prądu rzecznego (*River Current*) oraz prądu pływowego (*Tide Stream*). Wartość wyrażona w stopniach miary kątowej, [ °];

$W_D$= kierunek działania wiatru rzeczywistego (ang. *Wind Direction True*), wyrażony w stopniach miary kątowej, [ °];

$W_S$= prędkość oddziaływania wiatru rzeczywistego (ang. *Wind Speed True*), wyrażana w węzłach prędkości, [kn];

$v$= prędkość statku wyrażona w metrach na sekundę [m/s];

$v_{ac}$ = ang. *Achievable (Reachable) Ship's Speed*; prędkość osiągalna statku oznaczana w literaturze polskojęzycznej jako $v_{os}$ wyrażana w [m/s] lub węzłach [kn]; $v_{acR}$ oznacza prędkość osiągalną statku oszacowaną według metody Römisch-a zaś $v_{acS}$ prędkość osiągalną statku oszacowaną według metody Seliwanowa (obie wyrażone w [m/s]);

$v_{bl}$ = prędkość graniczna statku szacowana dla kanałów żeglownych, w literaturze polskojęzycznej wielkość oznaczana symbolem $v_{gr}$= $v_{bl}$, ang. *Boundary Ship's Speed* lub *Border Ship's Speed.* Wielkość wyrażana w metrach na sekundę, [m/s];

$v_{cr}$= prędkość krytyczna statku, w literaturze polskojęzycznej wielkość oznaczana symbolem $v_k = v_{cr}$, ang. *Ship's Critical Speed.* Wielkość (pisana małymi literami) wyrażana jest zwykle w metrach na sekundę, [m/s];

$v_p$= prędkość prądu wyrażona w metrach na sekundę, [m/s];

$v_{sos}$= optymalna prędkość bezpieczna statku (ang. *Ship's Optimal Safety Speed*), Pisana małymi literami wyrażana jest zwykle w metrach na sekundę, [m/s];

$V_S$= opisana w COLREG wartość bezpiecznej prędkości statku szacowana dla wszystkich jednostek, w tym tych bez operacyjnego radaru, statków niewyposażonych w radar oraz statków nieużywających radaru podczas nawigacji i manewrowania. W transporcie morskim wartość tej prędkości wyrażana jest zwykle w węzłach, $V_S$= [kn], choć zapisywana małymi literami może być wyrażona również w metrach na sekundę: $v_S$ =[m/s]:

$V_{SR}$= opisana w COLREG wartość wypadkowej bezpiecznej prędkości statku szacowana dla wszystkich jednostek, w tym również tych, które podczas nawigacji i manewrowania używają radar. W transporcie morskim wartość prędkości wyrażana jest zwykle w węzłach, $V_{SR}$= [kn], zapisywana jednak małymi literami może być wyrażona w metrach na sekundę: $v_{SR}$ =[m/s];

$\Delta V_R$= opisany w COLREG dodatkowy element bezpiecznej prędkości statku, który musi być uwzględniony przez statki które podczas nawigacji i manewrowania używają radar;

$V_{FAH}$= prędkość statku Cała Naprzód Morska (ang. *Ship's Sea Speed Full Ahead*) mierzona względem lustra wody, wyrażana zazwyczaj w węzłach, [kn];

$V_{max}$= maksymalna prędkość operacyjna statku Cała Naprzód Morska (ang. *Maximum Operational Sea Speed Full Ahead=SFAH≈ $V_{max}$*). W praktyce jest ona zwykle nieco mniejsza od maksymalnej Prędkości Awaryjnej Cała Naprzód Morska (ang. *Emergency Sea Speed Full Ahead= EFAH> $V_{max}$*). Wielkość pisana małą literą wyrażona jest zwykle w metrach na sekundę ($v_{max}$=[m/s]), pisana zaś dużą literą wyrażana jest w węzłach ($V_{max}$=[kn]);

$V_n$= nowa niższa prędkość statku szacowana po upływie czasu *t* liczonego od momentu wydania polecenia „Maszyna Stop". Wielkość pisana małą literą wyrażona jest w metrach na sekundę ($v_n$=[m/s]), pisana zaś dużą literą wyrażana jest w węzłach ($V_n$=[kn]);

$V_o$= prędkość początkowa statku (ang. *Ship's Initial Speed*). W transporcie morskim wielkość mierzona zwykle względem lustra wody ($V_o$=$STW_o$) i wyrażana w węzłach (morskich jednostkach prędkości), [kn];

$V_{o\ ETA}$= optymalna prędkość statku szacowana z uwzględnieniem pożądanego czasu przybycia do kolejnego punktu podróży (ang. *Ship's Optimal Speed due to expected ETA*= $V_{o\ ETA}$). W transporcie morskim wielkość ta mierzona jest zwykle względem dna akwenu ($V_{o\ ETA}$=$SOG_{o\ ETA}$) i jest wyrażana w węzłach prędkości, [kn];

$Vs$= wzdłużna wartość wektora prędkości postępowej statku mierzona wzdłuż linii jego kursu (osi *OX*). Na logu dopplerowskim może to być prędkość mierzona nad dnem (*SOG*) lub prędkość mierzona względem wody (*STW*), w transporcie morskim częściej jest to jednak prędkość statku mierzona względne lustra wody (wymóg konwencji SOLAS). Dla uproszczenia możemy więc założyć, że $Vs \approx Vw = STW$, której wartość wyrażana jest w węzłach (morskich jednostkach prędkości), [kn];

$V_w$= prędkość statku mierzona względem wody, *Vw= STW,* wyrażana w węzłach prędkosci, $\overrightarrow{V_w} = [CTW, STW]$, [kn];

$V_X$= prędkość bezpieczna statku określona wzdłuż osi OX dla pożądanej długości jego domeny wyrażona w metrach na sekundę [m/s] lub węzłach [kn]. Wartość bezpiecznej prędkości statku $V_X$ szacowana będzie z uwzględnieniem wzdłużnego błędu pozycji obserwowanej statku oraz drogi hamowania (zatrzymywania) statku w odpowiednim czasie, aby uniknąć kolizji, biorąc pod uwagę potrzebę zachowania przynajmniej minimalnych własności manewrowych statku, a w szczególności jego zwrotności, czyli zdolności statku do zmiany kierunku jego ruchu. Prędkość $V_X$ powiązana jest z parametrem długości domeny statku ($SD_L$);

$V_Y$= prędkość bezpieczna statku określona wzdłuż osi OY dla pożądanej szerokości jego domeny wyrażona w metrach na sekundę [m/s] lub węzłach [kn]. Wartość bezpiecznej prędkości statku $V_Y$ szacowana będzie z uwzględnieniem poprzecznego błędu pozycji obserwowanej statku, błędów myszkowania, zakłóceń zewnętrznych od wiatru, prądu i fali i/lub innych czynników powodujących spychanie statku z wyznaczonej osi toru wodnego, biorąc przy tym również pod uwagę potrzebę zachowania minimalnych własności manewrowych statku, a w szczególności jego stateczności kursowej (rozumianej tu jako zdolność statku do utrzymywania się na zadanym kursie) oraz dodatkowy margines bezpieczeństwa na wypadek wystąpienia potencjalnej sytuacji awaryjnej. Prędkość $V_Y$ powiązana jest z parametrem szerokości domeny statku ($SD_W$);

$V_Z$= prędkość bezpieczna statku określona wzdłuż osi *OZ* dla pożądanej wysokości ($SD_H$) i głębokości ($SD_D$) jego domeny, wyrażona w metrach na sekundę [m/s] lub węzłach [kn]. Wartość bezpiecznej prędkości statku $V_Z$ szacowana jest z uwzględnieniem wymaganego zapasu wody pod stępką statku (składowa prędkości $V_{ZD}$) oraz wymaganego prześwitu powietrza pod mostem lub inną przeszkodą nadwodną (składowa prędkości $V_{ZH}$) uwzględniając przy tym maksymalne wartości osiadania statku w ruchu, maksymalne wartości jego zanurzenia, $UKC_R$ oraz $OHC_R$ z uwzględnieniem maksymalnych gabarytów układu (bryły): kadłub statku + ładunek (przewożony na pokładzie i/lub holowany ze statkiem). Prędkość $V_{ZD}$ powiązana jest z parametrem głębokości domeny statku ($SD_D$), prędkość $V_{ZH}$ powiązana jest z parametrem wysokości domeny statku ($SD_H$);

$V_{ZD}$= składowa prędkości bezpiecznej statku $V_Z$ określona wzdłuż osi OZ dla pożądanej głębokości jego domeny ($SD_D$) z uwzględnieniem wymaganego zapasu wody pod stępką $UKC_R$. We wcześniejszych publikacjach polskojęzycznych opisywana niekiedy symbolem $V_{ZG}$= $V_{ZD}$, z wartościami wyrażanymi w metrach na sekundę [m/s] lub w węzłach [kn];

$V_{ZH}$= składowa prędkości bezpiecznej statku $V_Z$ określona wzdłuż osi OZ dla pożądanego prześwitu powietrza pod mostem lub inną przeszkodą nadwodną ($OHC_R$) z uwzględnieniem oszacowanego wcześniej parametru wysokości domeny statku ($SD_H$). We wcześniejszych publikacjach polskojęzycznych parametr opisywany symbolem $V_{ZW}$=$V_{ZH}$, z wartościami wyrażanymi w metrach na sekundę [m/s] lub węzłach [kn];

$z$= symbol opisujący w literaturze polskojęzycznej osiadanie statku w ruchu (ang. *Squat*) wyrażany w metrach ($z$=$R_{squat}$), [m];

$\alpha$ = poprawka na wiatr (ang. *Leeway Angle = Correction for Wind Effect*), w Polsce nazywany kątem dryfu, wyrażana w stopniach miary kątowej, [ °];

$\beta$ = poprawka na sumaryczny prąd (ang. *Drift Angle = Correction for Water Flow Effect (Current + Tide Stream + Impact from Ocean Waves)*), w Polsce nazywana kątem znosu, wyrażona w stopniach miary kątowej, [ °];

$\Delta$ = poprawka na myszkowanie statku w ruchu (ang. *Yawing*) wyrażona w stopniach miary kątowej, [ °];

$\gamma$ = gęstość wody (ang. *Water Density*), wartość wyrażana w tonach na metr sześcienny [t/m3]; Dla wody słodkiej (ang. *Fresh Water*) w temperaturze 4

°C wartość referencyjna to $\gamma = 1.00$ t/m3. Dla wody słonej (ang. *Salt Water*) wartość referencyjna to $\gamma = 1.025$ t/m3.

$\eta$ = sprawność napędowa $\eta$ (ang. *Driving Efficiency*) określająca stosunek mocy holowania *No* (ang. *Ship's Towing Power = No*) do mocy doprowadzonej *Nd=Ns* (ang. *Power Supplied = Ns*);

$\eta_g$= sprawność przeniesienia $\eta_w = \eta_g$ (ang. *Transfer Efficiency*= $\eta_g$) określająca stosunek mocy doprowadzonej *Nd=Ns* (ang. *Power Supplied= Ns*) do mocy wytworzonej $N_w = N_G$ (ang. *Power Generated* = $N_G$);

$\lambda$ = długość fali (ang. *Wave Length*), wartość wyrażana w metrach [m];

$\theta$ = kąt przechyłów bocznych statku (ang. *Heeling Angle + Rolling*). Wielkość wyrażona w stopniach skali kątowej [ °];

$\psi$ = kąt przechyłów wzdłużnych statku (ang. *Longitudinal Heel Angle + Pitching*) wyrażony w stopniach skali kątowej [ °];

π = Stała matematyczna: $\pi \approx 3.14159$.

## WYKAZ STOSOWANYCH SKRÓTÓW

*AIS* = z ang. *Automatic Identification System*, system automatycznej identyfikacji radiowej;

*ARPA* = z ang. *Automatic Radar Plotting Aids*, urządzenie do automatycznego prowadzenia nakresów radarowych;

*ASBA* = z ang. *Association of Ship Brokers & Agents*, Stowarzyszenie Brokerów i Agentów Statków;

*BA* = z ang. *British Admiralty,* Admiralicja Brytyjska;

*COGSA* = z ang. *Carriage of Goods by Sea Act*, Konwencja regulująca przewóz towarów drogą morską;

*COLREG* = skrót od ang. *International Rules and Regulations for Prevention of Collisions at Sea*, COLREG= *COLlisions REGulations at Sea,* skrót polskojęzyczny to MPDM= Międzynarodowe Prawo Drogi Morskiej;

*COSP*= z ang. *Commence of Sea Passage,* rozpoczęcie przejścia morskiego (podróży morskiej);

*CPA* = z ang. *Closest Point of Approach*, najbliższy punkt zbliżenia np. do celu wykrytego na radarze;

*CPP*= z ang. *Controllable Pitch Propeller*, okrętowa śruba napędowa nastawna;

*C/P* = z ang. *Charter Party*, strony kontraktu w umowach czarterowych;

*CVC* = z ang. *Charted Vertical Clearance*, oznaczony na mapie prześwit powietrza (luz pionowy) zmierzony pod mostem, kablem energetycznym lub inną przeszkodą nadwodną, podawany zwykle względem poziomu wody wysokiej (HW) lub średniego poziomu morza (MSL);

*DGPS* = z ang. *Differential Global Positioning System,* różnicowa odmiana systemu satelitarnego GPS;

*DSAH*= z ang. *Dead Slow Ahead*, prędkości statku bardzo wolno naprzód;

*DSAS*= z ang. *Dead Slow Astern*, prędkości statku bardzo wolno wstecz;

*ECDIS* = z ang. *Electronic Chart Display and Information System,* System zobrazowania Elektronicznej Mapy i Informacji Nawigacyjnej;

*ECNS* = z ang. *Electronic Chart Navigation System,* Nawigacyjny System Map Elektronicznych (cyfrowych);

*ECR*= z ang. *Engine Control Room*, pomieszczenie kontrolne siłowni okrętowej;

*ECS*= z ang. *Electronic Chart Systems*, system map elektronicznych (cyfrowych);

*EFAH*= z ang. *Emergency Full Ahead*, oznaczenie prędkości statku „awaryjna cała naprzód";

*ETA* = z ang. *Estimated Time of Arrival*, przybliżony czas przybycia do kolejnego punktu przeznaczenia (punktu docelowego);

*EOSP*= z ang. *End of Sea Passage,* zakończenie przejścia morskiego (podróży morskiej);

*FAH*= z ang. *Full Ahead*, oznaczenie prędkości statku cała naprzód;

*FAS*= z ang. *Full Astern*, oznaczenie prędkości statku cała wstecz;

*FPP*= z ang. *Fix Pitch Propeller*, okrętowa śruba napędowa o stałym skoku;

*GNSS* = z ang. *Global Navigation Satellite System,* globalny system satelitarny obejmujący systemy GPS Navstar, Galileo i Glonass;

*GPS* = z ang. *Global Positioning System,* amerykański globalny system satelitarny *GPS Navstar*;

*HAH*= z ang. *Ship's Speed Half Ahead,* oznaczenie prędkości statku „połowa (mocy) naprzód" = Pół Naprzód;

*HAS*= z ang. *Ship's Speed Half Astern,* oznaczenie prędkości statku „połowa (mocy) wstecz" = Pół Wstecz;

*HAT*= z ang. *Highest Astronomical Tide,* najwyższy pływ astronomiczny;

*HFO*= z ang. *Heavy Fuel Oil,* paliwo ciężkie (np. mazut);

*HW*= z ang. *High Water,* poziom wody wysokiej;

*IHO* = z ang. *International Hydrographic Organization,* Międzynarodowa Organizacja Hydrograficzna;

*IMO* = z ang. *International Maritime Organization,* Międzynarodowa Organizacja Morska;

*LCC* = z ang. *Large Crude Carrier,* duży zbiornikowiec do przewozu ropy naftowej (do 150 000 DWT);

*LAT* = z ang. *Lowest Astronomical Tide,* najniższy pływ astronomiczny;

*MDO* = z ang. *Marine Diesel Oil* (*light fuel oil*), morski olej napędowy (paliwo lekkie / olej napędowy).

*MHWS* = z ang. *Mean High Water Spring*, średnia wysoka woda syzygijna;

*MLLW* = z ang. *Mean Lower Low Water,* średnia z najniższych niskich wód;

*MLW* = z ang. *Mean of all Low Water,* średnia ze wszystkich niskich wód;

*MLWS* = z ang. *Mean Low Water Spring,* średnia niska woda syzygijna;

*MSC* = z ang. *IMO Maritime Safety Committee,* Komitet Bezpieczeństwa na Morzu działający w ramach organizacji IMO;

*MSI* = z ang. *Maritime Safety Information,* Informacja Bezpieczeństwa Morskiego;

*MSL*= z ang. *Mean Sea Level*, średni poziom morza;

*NAV* = z ang. *IMO's Sub-Committee on Safety Navigation,* Podkomitet IMO ds. Bezpieczeństwa Żeglugi;

*OHC*= z ang. *Over-Head Clearance*, prześwit nad „głową" czyli górną częścią statku wliczając w to maszty i przewożony i/lub holowany ładunek, dotyczy nawigacyjnej rezerwy wysokości podczas przejścia pod mostem lub inną przeszkodą zawieszoną nad wodą na trasie przejścia statku;

$OHC_R$= z ang. *Over Head Clearance Required,* oznacza minimalną wartość wymaganej nawigacyjnej rezerwy wysokości (OHC) wyrażonej w metrach, analizowanej podczas przejścia statku pod mostem lub inną przeszkodą zawieszoną na trasie przejścia statku. Parametr ten dotyczy wymaganego prześwitu powietrza nad „głową" statku, czyli w praktyce wyraża minimalną odległością wymaganą pomiędzy najwyżej położonym punktem kadłuba (włączając w to ładunek przewożony i/lub holowany ze statkiem), a najniżej położonym punktem przeszkody nadwodnej zawieszonej na planowanej trasie przejścia statku. W praktyce wymaga się, aby podczas przejścia statku pod mostem: $OHC_R \geq 0.5$ m (zalecane $OHC_R = 1$ m), podczas przejścia pod linią energetyczną: 1.5 m $\leq OHC_R \leq 5$ m, (zalecane $OHC_R = 3$ m), gdy limit $OHC_R$ nie jest określony przez odpowiednie regulacje prawne, to wówczas zalecane $OHC_R = 5$ m;

*PAD*= z ang. *Predicted Area of Danger,* obszary potencjalnie niebezpieczne;

*SAH*= z ang. *Slow Ahead*, oznaczenie prędkości statku „wolno naprzód";

*SAS* = z ang. *Slow Astern*, oznaczenie prędkości statku „wolno wstecz";

*SFAH*= z ang. *Sea Speed Full Ahead*, oznaczenie prędkości statku „morska cała naprzód";

*SOLAS* = z ang. *Convention on Safety of Life at Sea,* Konwencja o Bezpieczeństwie Życia na Morzu;

*T/C/P*= z ang. *Time Charter Party*, typ umowy czarterowej na określony czas jej trwania;

*UKC*= z ang. *Under Keel Clearance*, zapas wody pod stępką (np. aktualnie oszacowany lub zmierzony zapas głębokości wody pod statkiem);

$UKC_R$= z ang. *Under Keel Clearance Required*, pożądany (wymagany) minimalny zapas wody pod stępką;

*ULCC* = z ang. *Ultra Large Crude Carrier,* superduży zbiornikowiec (o wyporności ponad 350 000 DWT);

*VLCC* = z ang. *Very Large Crude Carrier,* bardzo duży zbiornikowiec (o wyporności do 350 000 DWT);

*VOC*= z ang. *Voyage Operations Coordinator*, we flocie handlowej koordynator do spraw związanych z planowaniem i realizacją podróży statków;

*VTS*= z ang. *Vessel Traffic Servis,* System Kontroli i Nadzoru Ruchu Statków;

*WMO*= z ang. *World Meteorological Organization*, Światowa Organizacja Meteorologiczna;

*WGS* = z ang. *World Geodetic System,* Światowy System Geodezyjny.

## WYKAZ STOSOWANYCH OZNACZEŃ

*DWT* = z ang. *Deadweight Tonnage=DWT,* tonacja nośności, zwana też nośnością własną, parametr określający wielkość statku oznaczający zdolność przewozową statku. Określa łączną masę ładunku, załogi, zapasów paliwa, wody pitnej i technicznej, prowiantu oraz części zamiennych jaką statek może przyjąć na pokład, nie przekraczając dopuszczalnego zanurzenia (zakłada się zanurzenie do znaku wolnej burty). Wyróżnia się także ładowność (nośność użyteczną), oznaczającą masę samego ładunku. Nośność jest czasami mylona z wypornością, jednakże, aby otrzymać wyporność statku należy do jego nośności DWT dodać masę statku pustego. DWT nie należy także używać jako jednostki nośności. Jednostką nośności statku jest tona. Nośność wyrażana jest w tonach: metrycznych (1000 kg) lub angielskich (1016 kg);

*NM* = z ang. *Nautical Mile,* mila morska, jednostka długości (*1NM= 1 Nm= 1 Mm = 1 nmi = 1852 m = 10 kbl = 6076 stóp = 1.151 amerykańskiej mili statutowej*). Mila morska to jednostka miary stosowana w żegludze powietrznej i morskiej oraz do określania wód terytorialnych. Historycznie była ona definiowana jako jedna minuta (1/60) stopnia szerokości geograficznej. Dziś jest to dokładnie 1852 metry. W innych publikacjach milę morską (*NM*) można również skracać do symbolu „*M*" lub „*Nm*" zalecanego przez Międzynarodową Organizację Hydrograficzną IHO

(*International Hydrographic Organization*) oraz Międzynarodowe Biuro Mas i Miar (*International Bureau of Weights and Measures*). Opcjonalnie mila morska oznaczana jest symbolem „*nmi*", np. przez Urząd Publikacji Rządu Stanów Zjednoczonych (*United States Government Publishing Office*) oraz symbolem „*Mm*", np. w niektórych publikacjach polskojęzycznych;

*kbl* = z ang. *Cable,* kabel, jednostka długości równa 0.1 *NM*= 185.2 *m;*

*kn* = z ang. *Knot*, węzeł, jednostka prędkości równa jednej mili morskiej na godzinę. Standardowym symbolem ISO dla prędkości wyrażanej w węzłach jest „*kn*", choć spotkać można również symbol „*w*", np. w literaturze polskojęzycznej: 1 *kn* = 1 *w* = 1,852 km / h = 0.514444 m / s ≈ 1,15078 mph.

# 1. Prędkość bezpieczna według zasad dobrej praktyki morskiej

W tym rozdziale, zgodnie z potrzebami globalnego systemu bezpieczeństwa i efektywności transportu, autor podejmie próbę określenia bezpiecznej prędkości statku manewrującego na wodach ograniczonych, a w szczególności w akwenach płytkich i/lub ścieśnionych.

Studiując literaturę fachową dotyczącą wyboru prędkości statku na wodach ograniczonych (np. [1], [4], [5], [7], [8], [11], [15], [24], [27], [29]) można dojść do następujących wniosków:

- Unika się podawania konkretnych wartości prędkości, z jaką statek powinien poruszać się w akwenach ograniczonych.
- Mając na uwadze, wytyczne armatora oraz instrukcje podróży otrzymane od czarterującego statek, każda jednostka morska powinna zawsze realizować swoją podróż z **prędkością eksploatacyjną możliwie najlepszą** (ang. *best possible speed*) o ile tylko pozwolą jej na to aktualne warunki przejścia i okoliczności, a w szczególności zewnętrzne czynniki hydrometeorologiczne oraz inne czynniki związane z procesem prowadzenia bezpiecznej nawigacji.
- Zgodnie z przepisami prawa drogi morskiej COLREG (polski MPDM), wytycznymi lądowych służb kontroli ruchu (w tym służb pilotowych oraz VTS), zaleceniami lokalnych administracji morskich, wytycznymi armatora oraz zasadami tzw. dobrej praktyki morskiej, statek powinien poruszać się zawsze z **prędkością bezpieczną** (ang. *safe speed*) [17].
- Według COLREG każdy statek powinien zawsze podążać z prędkością bezpieczną, tak aby mógł podjąć właściwe i skuteczne działania w celu uniknięcia kolizji, a w szczególności móc zatrzymać się w bezpiecznej odległości odpowiedniej do panujących warunków zewnętrznych i okoliczności. Przepisy te nie precyzują jednak co należy rozumieć pod pojęciem prędkości bezpiecznej statku oraz jaką jej wartość można by uznać za wartość prędkości bezpiecznej a jaką już za wartość prędkości niebezpiecznej.
- Bezpieczna prędkość rozumiana zgodnie z przepisami COLREG nie jest

tożsama z bezpieczną prędkością ustaloną zgodnie z zasadami tzw. dobrej praktyki morskiej [17]. Bezpieczna prędkość w rozumieniu Międzynarodowego Prawa Drogi Morskiej (COLREG) dotyczy przy tym tylko prędkości, która umożliwia bezkolizyjne prowadzenie statku względem obiektów rozmieszczonych na powierzchni wody.

- Wybór odpowiedniej wartości prędkości statku oraz trajektorii jego ruchu realizowany w akwenach ograniczonych, a w szczególności w kanałach nawigacyjnych, na akwenach płytkich i ścieśnionych, w tym również na ostrych zakolach toru wodnego, pozostawia się zawsze w rękach osoby kierującej statkiem (zazwyczaj kapitana) oraz zasad tzw. dobrej praktyki morskiej, przy czym samo pojęcie "dobrej praktyki morskiej", mimo iż jest ono powszechnie używane i stosowane w przepisach COLREG, nadal pozostaje jednoznacznie nieokreślone.

➢ Przy definiowaniu prędkości statku na wodach ograniczonych wprowadza się (np. [7], [8], [12], [24], [27]) słowne (opisowe) określniki **prędkości** (np. **krytyczna, graniczna, osiągalna, zalecana, optymalna** itp.), przy czym nie zawsze są one właściwe i jednoznacznie zdefiniowane.

Ponadto musimy również zaakceptować fakt, że terminologia morska rozwijała się na przestrzeni wieków, a znaczenie następujących pojęć, takich jak 'bezpieczna prędkość' (ang. *safe speed*), 'najlepsza możliwa prędkość na danym odcinku drogi' (ang. *best possible speed for sea voyage leg*), 'manewrowanie statkiem' (ang. *ship manoeuvring*) czy 'obsługa i eksploatacja statków' (ang. *ship handling*) na wodach ograniczonych nie zawsze jest takie samo i obecnie może pojawić się potrzeba wprowadzenia pewnych definicji i wyjaśnienia opisywanych tu zagadnień.

W niniejszej książce autor postara się opisać czynniki, które należy wziąć pod uwagę przy określaniu bezpiecznej prędkości statku, jak również najlepszej prędkości statku na danym odcinku drogi, uwzględniając przy tym wytyczne międzynarodowego prawa drogi morskiej (COLREG), lądowych służb kontroli ruchu, zalecenia lokalnych administracji morskich oraz wytyczne armatora i czarterującego statek.

Ponadto podjęta zostanie również próba zdefiniowania prędkości bezpiecznej statku na wodach ograniczonych i ustalenia (jeśli jest to możliwe) jednoznacznej definicji optymalnej prędkości bezpiecznej statku analizowanej w różnych fazach żeglugi na zróżnicowanych akwenach morskich (na akwenach płytkich, w kanałach wodnych, na zakolach toru wodnego). Autor przedstawi również swoją nowatorską metodę szacowania bezpiecznej prędkości statku na akwenach ograniczonych z wykorzystaniem przestrzennego modelu (3D) jego autorskiej domeny statku [16], [17].

## 2. Prędkość bezpieczna według COLREG

Zgodnie z prawidłem nr 6 Międzynarodowego Prawa Drogi Morskiej (COLREG'72), każdy statek powinien zawsze iść z bezpieczną prędkością (ang. *Safe Speed*), tak aby mógł podjąć właściwe i skuteczne działania w celu uniknięcia zderzenia i zatrzymać się w odległości odpowiedniej do istniejących okoliczności i warunków. A zatem zgodnie z zaleceniami COLREG, wybór wartości bezpiecznej prędkości statku (czyli jego tzw. szybkości) zależy głównie od charakterystyk manewrowych statku własnego oraz istniejących okoliczności i warunków.

Warto tu również podkreślić, że prawidło nr 6 COLREG 1972 ma zastosowanie do wszystkich statków w każdej sytuacji nawigacyjnej, w której stosuje się przepisy międzynarodowego prawa drogi morskiej, czyli na pełnym morzu i na wszystkich wodach z nim połączonych, które mogą być wykorzystywane do żeglugi przez statki morskie. Prawidło nr 6 COLREG wymusza od nas również konieczność dokonywania własnej oceny sytuacji nawigacyjnej w akwenie, tak abyśmy dopiero na tej podstawie, biorąc pod uwagę istniejące okoliczności i warunki (te obecnie oraz te do których nasz statek zmierza), mogli rzetelnie oszacować właściwą wartość jego szybkości bezpiecznej.

Wytyczne COLREG są tu dość oczywiste i zrozumiałe. Jeżeli zatem dla przykładu uznamy, że w badanym akwenie żeglownym widzialność jest ograniczona, to zrozumiałym jest to, że poruszanie się tam statkiem z dużą nastawą szybkości może być działaniem dość niebezpiecznym, szczególnie przy dużym natężeniu ruchu i/lub bliskiej obecności innych niebezpieczeństw nawigacyjnych. Nawigator podążając tam z dużą szybkością (szczególnie w przypadku zaistnienia sytuacji awaryjnej i/lub sytuacji kolizyjnej z przeszkodą nawigacyjną wykrytą w bliskim sąsiedztwie), pozostawi sobie zbyt mały przedział czasu na właściwą ocenę sytuacji w akwenie oraz podjęcie odpowiednich działań prewencyjnych koniecznych do uniknięcia zderzenia i niedopuszczenia do sytuacji nadmiernego zbliżenia się jednostek do siebie. A zatem słuszne jest stwierdzenie, iż w każdych okolicznościach i warunkach uznanych za trudne pod względem nawigacyjnym podążanie własnym statkiem z nadmiernie dużą szybkością jest niewskazane. Dobra praktyka morska zaleca tu szacowanie takiej szybkości dla naszego statku, aby zawsze istniała możliwość zatrzymania go w połowie odległości, na której dostrzegliśmy inny obiekt, w tym np. inny statek. W rozumowaniu tym nie bierze się jednak pod uwagę tego, że napotkany przez nas statek, może nie być w stanie wykonać podobnego skutecznego działania swoją prędkością eliminując potencjalne ryzyko kolizji!

Nadmierna wartość prędkości (szybkości) powoduje zbyt wiele kolizji. Prawidło 5 COLREG dotyczące obowiązku prowadzenia ciągłej obserwacji i czujności, oraz Prawidło 6 dotyczące szybkości bezpiecznej statku są ściśle ze sobą powiązane. Jeśli nie przestrzegamy Prawidła 5, nie możemy przestrzegać Prawidła 6.

Ogólnie rzecz biorąc, 'prędkość bezpieczna' to prędkość zredukowana, ponieważ w większości przypadków, jeśli któryś ze statków zmniejszy swoją prędkość, zwiększy się jego najbliższy punkt podejścia (CPA). Wtedy zmniejszy się również jego potencjalne ryzyko kolizji. Daje nam to więcej czasu do namysłu i do działania. Czas potrzebny do właściwej oceny sytuacji nawigacyjnej w akwenie oraz podjęcia odpowiedniej decyzji manewrowej (działania własnego statku) jest bardzo ważny - zbyt duża prędkość i zbyt mały okres czasu mogą fatalnie wpłynąć na właściwą ocenę sytuacji i ocenę ryzyka kolizji. Zredukowana prędkość statku pozwala nam również na skuteczniejsze jego zatrzymanie, a jeśli dojdzie do kolizji, to wynikające z niej szkody będą dużo mniejsze. W slangu marynarskim z języka angielskiego często przytacza się tu następujące sformułowanie: *„full speed= fool speed"*, co w języku polskim można tłumaczyć jako: *„prędkość pełna to prędkość głupia (niewłaściwa)"*.

Na rys. 1 (jako przykład) przedstawiono próby manewrowe zbiornikowców prowadzone zarówno na wodzie głębokiej (wykres po lewej) jak i wodzie płytkiej (wykres po prawej) w celu wymuszonego zatrzymania statku płynącego z prędkością manewrową połowa naprzód (HAH) o wartości początkowej $V_o$= 7 węzłów (3,6 m/s), wytracanej poprzez pracę napędu głównego na pełnym biegu wstecz (przy nastawie telegrafu maszynowego cała wstecz FAS). Z załączonych prób manewrowych statków widać, że na wodzie głębokiej większość jednostek zatrzymuje się w odległości równoważnej z wielokrotnością około 3.5 do 4.5 długości tego statku.

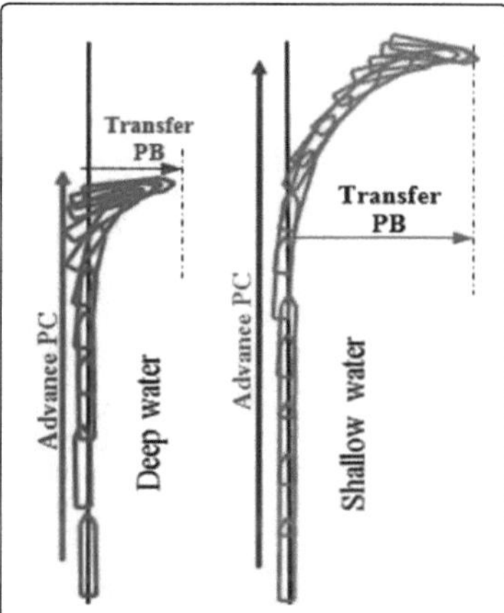


**Rys.1.** Próby manewrowe statku prowadzone na wodzie głębokiej (po lewej) i płytkiej (po prawej), w celu zatrzymania jednostki pracą silnika Cała Wstecz od prędkości początkowej $V_o$=7 kn. Źródło: [7].

W większości przypadków mostek nawigacyjny usytuowany na rufie tego statku pozostawał jednak w osi pierwotnie wyznaczonego toru wodnego, zorientowanie natomiast jego dziobu liczone względem linii kursu początkowego zmieniało się o kąt około 87° do 90°. W praktyce, dla szybszych kalkulacji przyjmuje się tu niekiedy uproszczoną zasadę, iż dla każdych dwóch węzłów prędkości postępowej statku ($V$) wymagana będzie droga jego wymuszonego hamowania (pracą silnika cała wstecz (FAS)) adekwatna do wartości jednej długości tego statku.

Z wykresów manewrowych oszacowanych na wodzie płytkiej można odczytać, że statek ten zatrzymuje się na odległości adekwatnej do wielokrotności około 6 długości tego statku, a czas potrzebny na taki manewr jest niemal o 50% dłuższy! W praktyce ogólnie przyjętą zasadą jest to, że droga hamowania i/lub wytracania prędkości postępowej statku zwiększa się na wodach płytkich. Na załączonym wykresie widać również, że analizowany statek w akwenie płytkim po zatrzymaniu ustawił się na kursie różnym od linii kursu początkowego o wartość około 100° lub więcej. Statek opuścił też swój wyznaczony wcześniej oryginalny tor wodny przemieszczając się znacznie odległości do przodu o $PC_{max}=AD_{max}$ oraz w kierunku swojej prawej burty o $PB_{max}=TR_{max}$. Warto tu jednak podkreślić, że charakterystyki manewrowe statków dostępne na mostkach nawigacyjnych w postaci tabel i wykresów (ang. *Wheelhouse Posters*) nie są takie same nawet na statkach siostrzanych, a w zatem wykorzystywanie tych pomiarów do szacowania bezpiecznej prędkości w oparciu o przyjęte wartości drogi zatrzymywania się statku nie zawsze jest adekwatne i może prowadzić do wielu nieścisłości i braku właściwego zrozumienia opisywanych tu zagadnień. Dla porównania patrz również na wyniki zestawione w tabeli 1 z parametrami morskich prób awaryjnego zatrzymania się kontenerowca klasy E 'Emma Maersk'.

**Tabela 1.** Manewr awaryjnego zatrzymywania statku metodą '*Crash Stop*' od prędkości początkowej Cała Naprzód Morska (SFAH) poprzez pracę silnika Cała Wstecz (FAS) oszacowany dla kontenerowca klasy E 'Emma Maersk' na spokojnym morzu, bez oddziaływania prądu, z wiatrem SW 3°B. Źródło: Dokumentacja manewrowa statku Maersk Line L203-L210 [9].

| NASTAWA SILNIKA GŁÓWNEGO [RPM] | | STATEK ZAŁADOWANY $T_D$= 16,0 m; $T_R$= 16,0 m, D= 156907 | | | | STATEK POD BALASTEM $T_D$= 7,12 m; $T_R$= 10,82 m (D≈122219 t) | | | |
|---|---|---|---|---|---|---|---|---|---|
| | | $V$ [kn] | $T_{Stop}$ [min] | $AD_{max}$ [m] | $TR_{max}$ [m] | $V$ [kn] | $T_{Stop}$ [min] | $AD_{max}$ [m] | $TR_{max}$ [m] |
| **SFAH** | **104** | **25.7** | *20.17'* | *7800* | *1509* | **27.5** | *12.75'* | *5170* | *1000* |
| **FAH** | **65** | **16.4** | *14.58'* | *4716* | *1358* | **18.1** | *9.75'* | *3126* | *900* |
| **HAH** | **50** | **12.4** | *11.67'* | *2900* | *992* | **14.1** | *7.42'* | *1970* | *675* |
| **SAH** | **35** | **8.6** | *5.03'* | *892* | *184* | **9.7** | *3.42'* | *607* | *125* |
| **DSAH** | **25** | **6.0** | *3.25'* | *630* | *110* | **6.8** | *2.25'* | *428* | *75* |

W przepisach Międzynarodowego Prawa Drogi Morskiej (COLREG'72) określono pewne czynniki, które powinny być brane pod uwagę przez wszystkie statki i statki posiadające radar operacyjny. Trzeba tu jednak dodać, iż w prawidłach COLREG, poprzez stosowanie bardzo ogólnych zaleceń i wytycznych (np. „powinien podjąć właściwe i skuteczne działanie" (ang. *can take proper and effective action*), „powinny być uwzględnione następujące czynniki" (ang. *factors shall be among those taken into account*)) całą odpowiedzialność za wybór właściwej prędkości bezpiecznej statku przesuwa się *de facto* na osobę kierującą statkiem. ([15], [6]).

Według przepisów COLREG przy ustalaniu bezpiecznej prędkości statku ($V_{SR}$) powinny być w szczególności uwzględnione następujące czynniki:

Przez wszystkie statki ($V_S$):

- widzialność[1] ($S_{TV}$);
- natężenie ruchu (*TRD*), łącznie ze zgrupowaniami statków rybackich lub innych statków;
- zdolność manewrowa statku, a zwłaszcza odległość potrzebna do zatrzymania się statku i jego zwrotność w istniejących warunkach (*VSM*);
- podczas nocy obecność na dalszym planie świateł, takich jak światła nabrzeżne lub rozproszenie świateł własnych (*PBL*);
- stan wiatru, morza i prądu (*WSC*) oraz bliskość niebezpieczeństw nawigacyjnych (*PNH*);
- zanurzenie ($T$) w stosunku do dostępnej głębokości wody ($h$).

Dodatkowo, przez statki używające radaru ($\Delta V_R$):

- charakterystyka, sprawność oraz ograniczenia urządzenia radarowego (*LRE*);
- ograniczenia wynikające z użytej skali i zasięgu radaru (*RRS*);
- wpływ stanu morza, pogody i innych źródeł zakłócających na wykrywanie radarem obiektów (*ERD*);
- możliwość niewykrywania przez radar w odpowiedniej odległości małych statków, lodów i innych pływających obiektów ($PD_{SO}$);
- liczba, położenie i ruch statków wykrytych przez radar ($NLM_{VD}$);
- dokładniejsza ocena widzialności przy użyciu radaru do określenia odległości do statków lub innych obiektów znajdujących się w pobliżu ($AV_{RR}$).

[1] Widzialność (ang. *state of visibility*) odnosi się do określania odległości określanej np. w milach morskich (NM) z jakiej dany obiekt (cel) możemy dostrzec. Dla porównania „widoczność" (ang. *arc of horizon*) odnosi się do sektora kątów wyznaczonych na łuku widnokręgu (wyrażanego w stopniach skali kątowej) w jakim dany obiekt (cel) może być wykryty (np. sektor widoczności świateł nawigacyjnych latarni morskiej).

Biorąc pod uwagę wszystkie wyżej wymienione czynniki, znaczenie 'bezpiecznej prędkości' według prawideł COLREG można przedstawić za pomocą poniższego wzoru:

$$V_{SR} = V_S + \Delta V_R \qquad [kn] \qquad (1)$$

Gdzie:

$V_{SR}$= opisana w COLREG wartość wypadkowej (sumarycznej) bezpiecznej prędkości szacowana dla wszystkich statków, w tym również tych, które podczas nawigacji i manewrowania używają radar. W transporcie morskim wartość tej prędkości wyrażana jest zwykle w węzłach, $V_{SR}$= [kn], zapisywana jednak małymi literami może być wyrażona w metrach na sekundę: $v_{SR}$ =[m/s];

$V_S$= opisana w COLREG wartość bezpiecznej prędkości statku szacowana dla wszystkich jednostek, w tym tych bez operacyjnego radaru, statków niewyposażonych w radar oraz statków nieużywających radaru podczas nawigacji i manewrowania. W transporcie morskim wartość tej prędkości wyrażana jest zwykle w węzłach, $V_S$= [kn], choć zapisywana małymi literami może być wyrażona również w metrach na sekundę: $v_S$ =[m/s]:

$$V_S = f_1\left(STV, TRD, VSM, PBL, WSC, PNH, \frac{T}{h}\right) \qquad [kn] \qquad (2)$$

$\Delta V_R$= opisany w COLREG dodatkowy element bezpiecznej prędkości statku, który musi być uwzględniony przez statki które podczas nawigacji i manewrowania używają radar, gdzie:

$$\Delta V_R = f_2(LRE, RRS, ERD, PD_{SO}, NLM_{VD}, AV_{RR}) \qquad [kn] \qquad (3)$$

A zatem zgodnie z wytycznymi COLREG bezpieczna prędkość statku może być określona tylko wtedy, jeśli uwzględnimy wszystkie wyżej wymienione czynniki, pamiętając przy tym również, że w pewnych przypadkach wymagane będą dodatkowe wyjaśnienia dotyczące np. określania bezpiecznej prędkości dla statków rybackich, interpretacja rozproszonych świateł, interpretacja zdolności manewrowych statku (jego sterowności), stosunek zanurzenia statku do dostępnej głębokości akwenu itp.

W odniesieniu do statków rybackich ich ruchy są często trudne do przewidzenia. Trudno jest określić, kiedy statki działają razem, co może sprawić, że przejście między nimi może być niebezpieczne; ich światła robocze mogą utrudniać utrzymanie dobrej widoczności; uwaga załogi może być wówczas rozproszona podczas pracy z siatkami itp. Biorąc pod uwagę powyższe, wszystkie statki rybackie są wymienione w COLREG jako statki szczególne, o odrębnych zasadach i dodatkowych prawach drogi morskiej.

Kolejnym istotnym czynnikiem jest zdolność manewrowa statku analizowana w istniejących warunkach i okolicznościach. Przy czym działanie to dotyczy nie tylko tych dużych statków. W niektórych przypadkach może okazać się bowiem, że np. mniejsze statki o napędzie mechanicznym, o małym zanurzeniu i wysokich burtach mogą doświadczać dużej swobody ruchu przy niskich prędkościach. W efekcie może to oznaczać, że bezpieczna prędkość szacowana dla niektórych statków z napędem mechanicznym może być niekiedy nieco wyższa niż ta szacowana np. dla małych statków żaglowych manewrujących w porcie. Działanie to będzie tu uzasadnione tym, że statki z napędem mechanicznym muszą zwykle utrzymywać pewną minimalną prędkość manewrową dla minimalnych obrotów silnika, aby w efekcie móc zachować pełną kontrolę swojego kursu i prędkości, a w razie potrzeby również zmienić swoją prędkość i/lub kierunek ruchu lub wręcz zatrzymać się w celu uniknięcia kolizji.

Kolejnym szczególnym problemem omawianym w nawigacji jest właściwa interpretacja świateł brzegowych oraz efekt tzw. rozmycia świateł nawigacyjnych. Trudno jest bowiem odróżnić światła statku i/lub znaku nawigacyjnego od świateł lądowych. Warto tu zatem poznać technikę stosowaną przez pilotów samolotów, która jest bardzo przydatna w wykrywaniu małego ruchu względem własnej jednostki. Zamiast skanować w sposób ciągły widoczne dookoła obiekty, warto skoncentrować się na jednym kierunku przez sekundę lub dwie, a dopiero potem przejść do następnego 'sektora' wokół statku. Działanie takie może być bardzo przydatne do wykrycia nawet bardzo małych ruchów obserwowanych obiektów. Oczywiście zawsze istnieje pewne ryzyko, że obserwowane obiekty podczas czynionej obserwacji nie będą się jednak poruszać!

Mniej oczywistym czynnikiem, który należy wziąć pod uwagę, jest zanurzenie statku własnego analizowane w stosunku do dostępnej głębokości akwenu. Duże statki poruszając się na wodach płytkich doznają tzw. efektu osiadania (ang. *Squat*), w wyniku czego ich kadłuby zmieniają trym i zanurzenie, które zwykle rośnie wraz ze wzrostem prędkości postępowej statku, co w skrajnych przypadkach może doprowadzić do tąpnięcia kadłubem o dno akwenu i w efekcie uszkodzenia statku.

Zgodnie z zaleceniami COLREG wymaga się również, aby statek ograniczony swoim zanurzeniem poruszał się ze szczególną ostrożnością, mając na uwadze jego 'szczególny' stan, czyli zwykle mały zapas wody pod stępką analizowany w obrębie wąskiego akwenu żeglownego. Warto tu jednak dodać, iż zgodnie z COLREG tylko statki o napędzie mechanicznym mogą być uznane za statki ograniczone swym zanurzeniem i w związku z tym być uznane za statki uprzywilejowane w tym akwenie.

Przy określaniu bezpiecznej prędkości szacowanej dla statków z działającym radarem istnieje kilka dodatkowych czynników (wymienionych powyżej i opisanych w COLREG), które należy uwzględnić ze szczególną ostrożnością. W niektórych przypadkach może bowiem zaistnieć taka sytuacja, że statki wyposażone w radar i używające go do wykrywania innych obiektów i zagrożeń, będą w efekcie poruszać się wolniej niż te, które z radaru nie korzystają. W takich przypadkach możliwe jest również niewykrycie ograniczonej widoczności przez nieuzbrojone oko obserwatora, zwłaszcza w bezksiężycowe, pochmurne noce. W efekcie obserwator prowadzący nawigację na statku bez operacyjnego radaru może nie być świadomy zbliżającego się statku ukrytego we mgle i poruszać się z większą prędkością.

Według wytycznych COLREG osoba prowadząca statek jest odpowiedzialna za to, aby cały czas poruszać się z bezpieczną prędkością. Jeśli konieczna jest zmiana prędkości, nie musimy ona pytać o zgodę innych. Pamiętać należy również, że radar i ARPA nie są nieomylne. W praktyce zdarzają się sytuacje, w których radar i ARPA całkowicie pomijają niektóre cele lub mogą pokazać duże cele jako słabe echo. Do pomocy nawigacyjnych takich jak system ECDIS oraz GNSS/GPS należy również podchodzić z pewną dozą nieufności. Nigdy nie należy też polegać tylko na jednym systemie, instrumencie nawigacyjnym lub jednej technice, a pozycję statku nanosić zawsze porównując różne metody i techniki z zastosowaniem kontroli krzyżowej.

W każdym przypadku, zgodnie z zasadami tzw. dobrej praktyki morskiej, musimy również stale monitorować naszą prędkość. Sytuacja na morzu zawsze się bowiem zmienia i oszacowana wcześniej prędkość bezpieczna statku dla jednej sytuacji nawigacyjnej może być zbyt szybka i/lub nieadekwatna dla innej sytuacji nawigacyjnej statku, panujących warunków i okoliczności. Sytuacje te mogą się przy tym ciągle zmieniać. W rzeczywistości wybór bezpiecznej prędkości statku w dużej mierze uzależniony jest od ludzkiej percepcji i doświadczenia zawodowego osoby kierującej statkiem. W efekcie znaczenie pojęcia bezpiecznej prędkości statku może być w różny sposób interpretowane i rozumiane przez różnych marynarzy, i to nie zawsze w sposób zgodny z opisanymi wcześniej wytycznych konwencji COLREG.

## 3. Prędkość rekomendowana przez armatora i czarterującego statek

Każdy statek zgodnie z wytycznymi czarterującego statek oraz zaleceniami jego właściciela i armatora powinien zawsze podążać z możliwie najlepszą prędkością eksploatacyjną, o ile tylko sprzyjają temu panujące warunki zewnętrzne i okoliczności związane z prowadzeniem bezpiecznej nawigacji. Optymalna prędkość eksploatacyjna jest przy tym zwykle dostosowywana do aktualnych warunków środowiskowych, według konkretnych instrukcji i wytycznych właściciela i/lub zarządcy statku oraz określonych zaleceń i wymogów strony czarterującej ([15], [24]).

Przy czym w odniesieniu do wymagań strony czarterującej w ramach np. czarteru na daną podróż, zazwyczaj nie nakłada się tu bezpośredniej kary za niespełnienie wymagań dla prędkości eksploatacyjnej statku określonych przez stronę czarterującą. Mogą jednak wystąpić przypadkowe roszczenia wobec właściciela lub zarządcy statku, jeżeli statek jest nadmiernie opóźniony. Zanim statek faktycznie rozpocznie usługi czarteru w ramach umowy, musi jednak zostać poinformowany o konieczności dostosowania swojej prędkości eksploatacyjnej a niekiedy również i wyboru odpowiedniej trasy przejścia w celu spełnienia konkretnych wymogów czarterującego na daną podróż nazywanych z języka ang. *„voyage 'lay-can' requirements"*. Statek po wejściu do służby czarterującego musi zatem dostosować swoje procedury eksploatacyjne statku do konkretnych wymogów odpowiedniej klauzuli dotyczącej **prędkości czarterowej statku** (ang. *Charter Party (C/P) speed*) oraz dołączonych instrukcji czarterującego na daną podróż. W praktyce dopuszcza się tu jednak pewne małe odstępstwa od ustalonej wcześniej prędkości czarterowej statku rozumianej zwykle jako wartość średnia oscylująca w granicach ±0.5 węzła (±0.257 m/s).

W przypadku umów czarterowych na czas (ang. *Time Charter Party = T/C/P*) wytyczne dotyczące wyboru odpowiedniej prędkość eksploatacyjna statku podlegają tu również odpowiednim instrukcjom i procedurom czarterującego statek (C/P), przy czym w sytuacji, gdy ustalone warunki kontraktu nie będą w sposób właściwy i poprawny zrealizowane, to wówczas na armatora statku i/lub jego właściciela mogą być nałożone ustalone wcześniej kary finansowe.

W niektórych umowach czarterowych mogą być również zawarte szczególne instrukcje dotyczące przebiegu trasy statku z uwzględnieniem oszacowanych wcześniej odległości pomiędzy poszczególnymi punktami jego podróży. Warto tu również podkreślić, iż niezależnie od podpisanych wcześniej kontraktów i/lub umów czarterowych, kapitan statku ma zawsze obowiązek podążać z prędkością bezpieczną adekwatną do istniejących warunków i okoliczności. Ewentualne kary narzucone na statek przez czarterującego nie zawsze zatem muszą być przyjęte i/lub zaakceptowane przez statek i jego armatora. Ważne jest tu jednak, aby załoga statku zadbała o posiadanie odpowiedniej dokumentacji technicznej oraz odpowiednich zapisów w dzienniku okrętowym, które w należyty sposób mogłyby uzasadnić dokonany przez kapitana wybór innej wartości prędkości i/lub innej trasy przejścia statku niż wytyczne czarterującego statek zawarte w jego instrukcji na podróż (ang. *Voyage Instruction*).

Warto tu również zaznaczyć, iż zgodnie z konwencją COGSA (*Carriage of Goods by Sea Act*) regulującą przewóz towarów drogą morską, kapitan statku może odstąpić od zakontraktowanego przejścia jedynie w celu ratowania życia na morzu. Działanie to jest włączone do większości umów czarterowych i konosamentów. Odejście statku od podpisanej wcześniej umowy czarterowej w innych celach może zagrozić ochronie ubezpieczeniowej statku oraz przewożonego ładunku. Generalnie oznacza to, że zboczenie statku z zakontraktowanej lub uzgodnionej wcześniej trasy jest niedozwolone, chyba że ze względów bezpieczeństwa i/lub ratowania życia na morzu. O wszelkich odstępstwach od przyjętego kontraktu należy również powiadomić załogę statku, właściciela statku i dział ubezpieczeń statku. Statki, które biorą jednak udział w wyznaczaniu i/lub korzystaniu z tras pogodowych (hydrometeorologicznych) oraz te, którym dopuszcza się zboczenie z przyjętego pierwotnie planu przejścia, mogą to uczynić, jeżeli tylko będzie to uznane za rozsądne i ekonomicznie uzasadnione. Więcej informacji można znaleźć w szczegółowych wytycznych i instrukcjach na podróż (*Voyage Orders & Instructions*) specyficznych dla danego przedsiębiorstwa

Jeżeli z ramienia statku poproszono o zredukowanie planowanej prędkości przejścia i/lub zmianę szacunkowego czasu przybycia do kolejnego portu przeznaczenia (ETA), co w efekcie mogłoby doprowadzić do konieczności zmiany i/lub zaktualizowania planów czarterującego statek, zaktualizowania harmonogramu planowanych prac w kolejnym porcie przeznaczenia i/lub spowodować znaczne wydłużenie czasu oczekiwania statku na obsługę lub postój w kolejnym porcie, to wówczas kapitan statku powinien niezwłocznie powiadomić o tym kierownictwo swojej firmy, a w szczególności swój dział handlowy od planowania i zarządzania statkiem (*commercial operation*) oraz dział techniczny (*technical team management*). W celu zabezpieczenia się przed ewentualnymi roszczeniami handlowymi od czarterującego statek, wymagane tu będzie również pisemne potwierdzenie decyzji ze strony armatora i/lub czarterującego statek, dotyczące podjętych wcześniej decyzji i działań.

Jeżeli ze strony statku wymagana będzie również zmiana jego planowanej trasy przejścia, to wówczas kapitan statku powinien niezwłocznie omówić te zagadnienia zarówno z działem technicznym, jak i działem handlowych swojej firmy i powiadomić o tym czarterującego statek.

Jeżeli statek objęty jest umową czarterową na czas (T/C/P), to trzeba liczyć się z tym, że zawsze mogą wystąpić pewne roszczenia (ang. *claims*) związane z przekroczeniem lub zaniżeniem przyjętej wydajności statku (ang. *ship's performance*) w stosunku do przyjętej prędkości eksploatacyjnej statku lub przyjętego zużycia paliwa i olejów (ang. *speed & consumption warranties*).

Przy czym okresy, w których w ramach umów czarterowych konieczne było zmniejszenie prędkości postępowej statku (np. ze względu na niesprzyjające warunki pogodowe, ustalane w zależności od typu podpisanej umowy czarterowej oraz przyjętych tam warunków granicznych dotyczących stanu morza, siły wiatru, falowania itp.), jak również okresy, w których czarterujący sam zwrócił się do statku z prośbą o dostosowanie aktualnych parametrów podróży statku (jego kursu i prędkości) do swoich potrzeb, nie mogą być przedmiotem żadnych roszczeń. W związku z powyższym, bardzo istotne jest prowadzenie odpowiednich zapisów w dzienniku okrętowym oraz gromadzenie odpowiedniej dokumentacji, która w istotny sposób mogłaby wesprzeć decyzję kapitana co do wyboru właściwej trasy i ustalania odpowiedniej prędkości przejścia statku, adekwatnej do istniejących warunków i okoliczności, mając przy tym również na względzie wszelkie koszty i ewentualne dodatkowe roszczenia podlegające zwrotowi dla czarterującego statek.

Podążanie statkiem z **prędkością eksploatacyjną czarterową T/C/P** oznacza przy tym, że statek ma osiągnąć prędkość nad dnem równą prędkości określonej w umowie czarteru na czas. Jeżeli w instrukcji podróży pojawi się zapis: „Podążaj z prędkością T/C/P 14 węzłów (ang. *Proceed at T/C/P speed 14 knots*), oznacza to, że statek jest zobowiązany podążać do kolejnego portu przeznaczenia ze stałą prędkością mierzoną względem dna równą 14 węzłów (7.21 m/s) i wówczas wytyczne dotyczące prędkości czarterowej T/C/P będą spełnione.

Podążanie statkiem z **prędkością ekonomiczną** (ang. *econ speed*) np. zgodnie z nowymi wytycznymi czarterującego statek na daną podróż) oznacza utrzymywanie takiej prędkości przejścia statku, która zapewni mu najmniejsze zużycie paliwa, olejów i zapasów w przeliczeniu na jednostkę przebytej drogi statku (wyrażanej w milach morskich), mając na uwadze panujące warunki hydrometeorologiczne oraz konieczność prowadzenia bezpiecznej nawigacji przy rozsądnej eksploatacji (obciążeniu) okrętowych pędników i urządzeń napędowych.

Jeżeli jednak kapitan otrzyma polecenie: „W stanie załadowanym podążaj z prędkością 12 węzłów", oznacza to, że główny napęd jednostki ma być ustawiony tak, aby umożliwić statkowi w stanie załadowanym osiągnięcie średniej prędkości przejścia mierzonej względem dna akwenu wynoszącej co najmniej 12 węzłów (6.18 m/s). Podążanie ze średnią prędkością statku szacowaną z odchyłką do ±0.5 węzła (±0.26 m/s) względem planowanej prędkości czarterowej, w praktyce jest zwykle akceptowalne, o ile oczywiście pozwalają na to aktualne warunki hydrometeorologiczne oraz okoliczności gwarantujące statkowi prowadzenie bezpiecznej nawigacji. W związku z powyższym, jeżeli ze względu na korzystne warunki przejścia lub nadmierną kompensację jego prędkości w warunkach niekorzystnych dla statku, jego sumaryczna prędkość średnia okaże się jednak nieco wyższa niż zakładana prędkość czarterowa, to wówczas w miarę zbliżania się statku do miejsca przeznaczenia, statek nie powinien redukować swojej normalnej prędkości eksploatacyjnej tylko po to, aby jego średnia prędkość docelowa było zgodna z prędkością założoną w czarterze.

Analogiczna sytuacja może pojawić się również w przypadku umów czarterowych na podróż, gdzie statek nie zawsze musi zwiększać nastawę swojej normalnej prędkości eksploatacyjnej powyżej ustalonej np. na 12 węzłów prędkości czarterowej C/P, tylko po to, aby w efekcie osiągnąć średnią prędkość końcową w danej podróży= 12 węzłów. W każdej firmie wszystkie takie przypadki są zazwyczaj bardzo szczegółowo analizowane pod kątem ich zgodności z wymaganiami czarterującego statek i w razie konieczności kapitan statku zawsze może tu liczy na wsparcie swojego menadżera (*VM=Vessel Manager*) oraz koordynatora do spraw związanych z planowaniem i realizacją podróży morskich (*VOC=Voyage Operations Coordinator*).

Polecenie: „Podążaj z **minimalną prędkością wolno naprzód**" (ang. *min slow speed ahead*) oznacza konieczność utrzymywania najmniejszej prędkości postępowej statku przy zachowaniu możliwie najmniejszej stabilnej nastawy mocy na napędzie głównym statku, adekwatnej do istniejących warunków hydrometeorologicznych, sytuacji nawigacyjnej w akwenie oraz własności manewrowych statku własnego. W praktyce oznacza to konieczność utrzymywania minimalnych obrotów wału napędowego gwarantujących stabilną pracę silnika głównego, czyli zwykle przy nastawie telegrafu maszynowego na prędkość „Bardzo Wolno Naprzód" (ang. *Dead Slow Ahead= DSAH*) - metoda stosowana na statkach wyposażonych w okrętową śrubę napędową o stałym skoku FPP (ang. *Fix Pitch Propeller*), lub też konieczność utrzymywania minimalnego wychylenia płatów śruby okrętowej w kierunku naprzód gwarantujących zachowanie dostatecznej sterowności statku (zwykle stateczności kursowej) – metoda stosowana na statkach wyposażonych w śrubę napędową nastawną CPP (ang. *Controllable Pitch Propeller*).

Dla porównania, polecenie: „Podążaj z **prędkością cała naprzód morska**" (ang. *Sea Speed Full Ahead= SFAH*) oznacza konieczność utrzymywania maksymalnej ustabilizowanej prędkości statku cała naprzód morska, adekwatnej do istniejących warunków i okoliczności, osiąganej zwykle przy nastawie telegrafu maszynowego na pozycję pełnej mocy napędu 'cała naprzód morska' (SFAH).

W każdym jednak przypadku istnieją pewne czynniki i okoliczności, które zawsze należy wziąć pod uwagę w odniesieniu do szacowania możliwie najlepszej prędkości eksploatacyjnej statku na danym odcinku jego podróży. W transporcie morskim czynniki te, niemal zawsze są dyskutowane pomiędzy kapitanem statku a koordynator do spraw związanych z planowaniem i realizacją podróży morskich (ang. *Voyage Manager*). W efekcie prowadzonych konsultacji ustala się zwykle zakres optymalnych wartości prędkości eksploatacyjnej statku, które umożliwiłyby prowadzenie nawigacji w sposób bezpieczny, efektywny i jednocześnie opłacalny dla armatora i akceptowalny dla czarterującego statek.

W każdym przypadku, ostateczną decyzję dotyczącą właściwego wyboru odpowiedniej prędkości eksploatacyjnej statku zawsze podejmuje jednak kapitan.

Na każdym etapie podróży uwzględnia on wszystkie znane mu czynniki i okoliczności, które zadecydować mogą o wyborze tej właściwej (według niego) wartości prędkości eksploatacyjnej statku (potocznie nazywanej **prędkością optymalną**), która umożliwi mu nie tylko sprawną realizację podróży morskiej według wszelkich wytycznych czarterującego statek, ale również w sposób bezpieczny (adekwatny do istniejących warunków i okoliczności), zgodny z międzynarodowym, krajowym i lokalnym prawem drogi morskiej i jednocześnie ekonomicznie opłacalny dla armatora, właściciela i czarterującego statek.

Warto tu jednak podkreślić, iż głównym obowiązkiem kapitana jest zawsze dbanie o bezpieczeństwo statku, załogi i ładunku i w żadnych okolicznościach elementy tego bezpieczeństwa nie mogą być naruszone w celu spełnienia jakichkolwiek wytycznych armatora, właściciela i/lub czarterującego statek. Kapitan statku dokłada jednak wszelkich starań, aby podróż morska realizowana była zawsze z prędkością możliwie optymalną, w sposób efektywny i opłacalny, zgodnie z wytycznymi armatora i czarterującego statek.

Kapitan statku swoją rangą zapewnia wszystkie zainteresowane strony umowy, że przedłożony mu plan podróży statku został należycie przygotowany i poprzez jego podpis został on zatwierdzony do realizacji. Przed rozpoczęciem podróży kapitan statku swoją rangą zapewnia również, że wszystkie mapy nawigacyjne potrzebne do realizacji podróży morskiej są na statku zaktualizowane, niezbędne poprawki i ostrzeżenia nawigacyjnymi są na nich naniesione, oraz dokonany jest ogólny przegląd planowanej trasy przejścia statku z uwzględnieniem akwenów, na których spodziewane jest wystąpienie niekorzystnych warunków hydrometeorologicznych oraz akwenów o podwyższonym ryzyku prowadzenia bezpiecznej nawigacji.

Na podstawie wnikliwej analizy w/w czynników spodziewanych na planowanej trasie przejścia, kapitan statku wstępnie określa planowane wartości prędkości eksploatacyjnej statku przypisane dla poszczególnych odcinków jego drogi (ang. *voyage leg*), a następnie podczas realizacji podróży morskiej oszacowane wcześniej wartości prędkość statku dostosowuje on do istniejących warunków i okoliczności.

W odniesieniu do planowanej trasy przejścia statku, kapitan musi być świadomy wszystkich wymagań stawianych przez właściciela, armatora i stronę czarterującą statek (C/P). W sytuacji natomiast, w której statek nie jest zarządzany komercyjnie przez własny zespół armatora, a wytyczne dotyczące planowanej podróży morskiej otrzymane od czarterujące statek różnią się znacznie od procedur stosowanych we własnym przedsiębiorstwie, to wówczas kapitan statku powinien niezwłocznie zwrócić się z prośbą do zespołu zarządzającego statkiem u armatora o wyjaśnienie zaistniałej sytuacji z czarterującym statek i przesłanie mu odpowiednich instrukcji na podroż.

Wyznaczony przez kapitana oficer nawigacyjny, w sposób ciągły kontroluje zaakceptowany wcześniej plan podróży statku i w miarę potrzeby w sposób dynamiczny go poprawia i/lub aktualizuje, uwzględniając przy tym wszelkie możliwe zmiany spodziewanych warunków przejścia i okoliczności, w tym niekiedy również zmiany wyznaczonego wcześniej celu podróży i/lub planowanej trasy przejścia np. do trasy pogodowej (ang. *weather routing*).

Na każdym etapie podróży, wyznaczony nawigacyjny oficer wachtowy, musi zawsze stosować się do wytycznych międzynarodowego prawa drogi morskiej COLREG, poleceń kapitana zawartych w planie podróży (ang. *Passage Plan for Voyage Order*), ogólnych wytycznych kapitana zawartych w oficjalnym dokumencie umieszczonym na mostku nawigacyjnym (ang. *Master Standing Orders*) oraz dobowych instrukcjach kapitana zapisywanych w zeszycie tzw. poleceń nocnych (ang. *Night Orders Book*).

Jeżeli statek jest wyczarterowany w umowie na czas (T/C/P) i realizuje podróż morską w stanie pod balastem, to wówczas kapitan statku, jeżeli tylko uzna to za bezpieczne i możliwe do zrealizowania powinien zawsze postępować zgodnie z instrukcją otrzymaną od czarterującego statek i podążać z adekwatną prędkością do istniejących warunków i okoliczności. Przy czym do szacowania tej optymalnej prędkości eksploatacyjnej statku podczas zadanej podróży morskiej powinien on również wziąć pod uwagę następujące czynniki:

- Daty planowanego załadunku w kolejnym porcie docelowym (z ang. *lay-can days*), jeśli takowy plan został już ustalony i kolejna podróż statku wstępnie zatwierdzona. W takich przypadkach dopuszcza się zwykle możliwość, aby statek przybył do wyznaczonego portu docelowego w połowie tego zwykle dwu- lub trzydniowego okresu planowanej gotowości statku do przyjęcia ładunku (*lay-can days*), jeżeli tylko oznaczałoby to, że podróż statku w stanie pod balastem może być zrealizowana z prędkością ekonomiczną gwarantującą mniejsze zużycie paliwa;
- Jeśli na statku planowane są jakiekolwiek naprawy lub inna działalność związana z jego eksploatacją, to wówczas kapitan statku powinien rozważyć możliwość wydłużenia okresu oczekiwania (przestoju) statku w morzu (np. na kotwicy lub w dryfie) lub też rozważyć możliwość zawinięcia do innego portu pośredniego (np. w celu przyjęcia zaopatrzenia, w tym paliwa, olejów, części zamiennych i/lub dokonania podmiany załogi);

- Warunki rynkowe / perspektywy na przyszłość w przewidywanym docelowym miejscu oczekiwania. W praktyce dotyczy to sytuacji, w której statek kieruje się w stronę wyznaczonego miejsca (akwenu) oczekując tam na konkretne wytycznych dotyczące nowej podróży " (ang. *place or area for orders*).

Ponadto, w każdej sytuacji, przy szacowaniu właściwej prędkości eksploatacyjnej statku na daną podróż, oprócz standardowych czynników związanych z analizą istniejących warunków pogodowych (hydrometeorologicznych) oraz czynników związanych z procesem prowadzenia bezpiecznej nawigacji, kapitan statku powinien również uwzględnić optymalny czas przybycia do portu docelowego, uwzględniając przy tym lokalne przepisy i regulacje prawne z narzuconymi restrykcjami portowymi dotyczącymi bezpieczeństwa nawigacji oraz wytyczne zawartej umowy czarterowej C/P, szczególnie w odniesieniu do przepisów określających sposób liczenia czasu dla opóźnień wynikających z ograniczeń nawigacyjnych w porcie, takich jak pływy i/lub konieczność prowadzenia operacji portowych jedynie podczas dnia.

Zgodnie z wytycznymi SHELLVOY5 (standardowy formularz C/P wydawany przez firmę Shell), kapitan statku powinien tak dostosować swoją prędkość, aby w miarę możliwości do portu przeznaczenia przybyć na krótko przed wyznaczonym czasem na otwarcie tzw. optymalnego 'docelowego okna nawigacyjnego' (ang. *optimum target navigational window*) [24]. W przeciwnym razie musi się on upewnić, że statek dotrze na miejsce na długo przed zamknięciem tego okna.

Jeżeli statek korzysta jednak z wytycznych ASBATANKVOY (Standardowy Formularz C/P wydany przez Stowarzyszenie Maklerów i Przedstawicieli Statków - ASBA), postanowienie 'osiągalny w momencie przybycia' (ang. *reachable on arrival*) w części II, klauzula 9, oznacza, że czas przybycia jest ściśle związany z ryzykiem czarterującego, niezależnie od lokalnych ograniczeń portowych.

Reasumując powyższe trzeba zatem stwierdzić, że wszystkie klauzule umowy czarterowej C/P zawsze należy uważnie czytać i zwracać uwagę na te wytyczne, które mogą być sprzeczne z w/w zasadami. Jeśli możliwości płynnej regulacji prędkości statku i jej dostosowywania do aktualnych potrzeb są niewielka, to wówczas kapitan statku powinien wyregulować ją tak, aby w miarę możliwości dotrzeć do wyznaczonego portu docelowego na co najmniej 6 godzin przed planowanym czasem zamknięcia tego wyznaczonego w/w tzw. 'okna nawigacyjnego' w tym porcie.

Jeżeli jednak statek realizuje swoją podróż w stanie załadowanym, to wówczas kapitan tego statku przy szacowaniu prędkości eksploatacyjnej powinien uwzględnić następuje czynniki i/lub okoliczności:

- Jeśli statek jest wyczarterowany na czas, należy zawsze postępować zgodnie z instrukcjami czarterującego, jeśli tylko uzna się je za bezpieczne;
- W razie napotkanych wątpliwości i/lub braku posiadanej wiedzy dotyczącej zakontraktowanych zakresów wartości prędkości eksploatacyjnych statku i/lub wymagań dotyczących rekomendowanych jego tras przejścia, każdorazowo należy skonsultować się z odpowiednimi stronami czarteru i postępować zgodnie z otrzymanymi od nich instrukcjami i/lub wytycznymi, o ile tylko uzna się je za bezpieczne;
- O ile nie jest to wymagane przez warunki czarterów, warto mieć świadomość, że średnia prędkość statku ustalona dla danego czarteru ±0.5 węzła jest dopuszczalna i nie obejmuje ona czasu straconego z powodu opóźnień pogodowych i/lub innych uzgodnionych wcześniej odchyleń podróży z czarterującym statek;
- Warto również wiedzieć, że jeżeli na pewnym szczątkowym etapie podróży spełnienie wymagań dotyczących zalecanej prędkości eksploatacyjnej statku ustalonej w czarterze C/P nie było możliwe z powodu panujących tam złych warunków pogodowych (hydrometeorologicznych), to nie ma żadnego wymogu zwiększenia prędkości statku powyżej tej ustalonej w umowie czarterowej C/P, i zasada ta obowiązuje nawet wówczas, gdy nowe warunki pogodowe okazałyby się bardziej korzystne i umożliwiły statkowi nadrobienia straconego czasu. Kapitan statku zawsze może to jednak uczynić jako np. znak swojej dobrej woli i chęć do dalszej współpracy, choć formalnie nie ma on takiego obowiązku.

Na Rys. 2 znajduje się wykres przedstawiający typowy proces określania prędkości eksploatacyjnej statku dla poszczególnych etapów jego podróży wdrożony w transporcie morskim we flocie handlowej.

Reasumując nasze rozważania dotyczące wyboru 'optymalnej prędkości statku' musimy zatem stwierdzić, że oficer nawigacyjny podczas prowadzenia procesu nawigacji jest zobowiązany do przestrzegania wymogów konwencji COLREG i w związku z powyższym cały czas musi on podążać z prędkością bezpieczną (ang. *safe speed*). Musi on też stosować się do przyjętego planu podróży (ang. *Voyage Plan*) oraz postępować zgodnie z instrukcjami i wytycznymi kapitana (tymi ogólnymi - ang. *Standing Orders,* oraz tymi szczegółowymi określonymi dla danego odcinka drogi i zwykle krótkiego okresu czasu - ang. *Master Night Orders*).

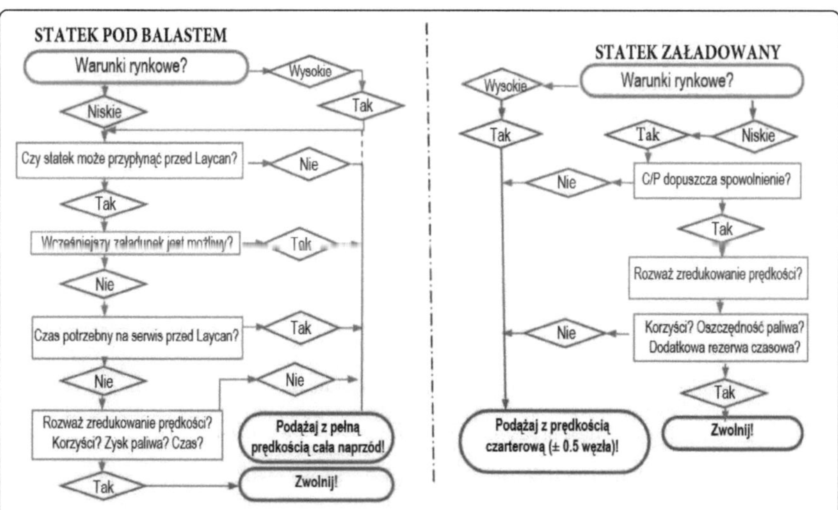


**Rys. 2.** Schemat przedstawiający proces określania optymalnej prędkości eksploatacyjnej statku dla poszczególnych etapów jego podróży wdrożony we flocie handlowej. Źródło: Badania własne autora [17] na podstawie [26].

Według COLREG, to co jest uznawane za prędkość bezpieczną, zależy od statku oraz istniejących warunków i okoliczności. Mając na uwadze wytyczne COLREG, każdy statek powinien przez cały czas płynąć z bezpieczną prędkością (szybkością), tak aby mógł podjąć właściwe i skuteczne działania w celu uniknięcia zderzenia i zatrzymać się w odległości odpowiedniej do istniejących okoliczności i warunków. W COLREG określono przy tym pewne czynniki, które każdorazowo powinny być brane pod uwagę przy określaniu prędkości przez wszystkie statki oraz dodatkowo, przez statki używające radaru. Niestety, w rzeczywistości okazuje się jednak, iż wiele z w/w czynników zależy od ludzkiej percepcji i doświadczenia zawodowego osoby kierującej statek, tak więc znaczenie takich pojęć jak 'prędkość bezpieczna', czy np. 'prędkość optymalna', czyli ta najlepsza możliwa prędkość eksploatacyjna statku na danym odcinku jego drogi, może być w efekcie w różny sposób interpretowana przez różnych użytkowników i to nie zawsze z odpowiednim zrozumieniem opisywanych tu zagadnień, w tym również zaleceń COLREG, planu podróży, wytycznych kapitana oraz instrukcji armatora i/lub czarterującego statek.

Ogólnie rzecz biorąc, bezpieczna prędkość statku (rozumiana tu jako szybkość) to zazwyczaj jego szybkość zredukowana. W większości bowiem przypadków, jeśli któryś z napotkanych statków zmniejszy swoją szybkość, to wówczas zwiększy się również jego CPA (ang. *Closest Point of Approach*), czyli najmniejszy punkt zbliżenia. Ryzyko kolizji będzie wówczas mniejsze. Daje nam to również dodatkowy okres czasu na analizę sytuacji nawigacyjnej w akwenie i w razie potrzeby umożliwi wykonanie określonego działania, w tym np. odpowiedniego manewru antykolizyjnego.

Czas na podjęcie decyzji i na wykonanie określonego działania jest tu bardzo istotny. Zbyt duża szybkość i zbyt mała ilość czasu mogą fatalnie wpłynąć na nasze procesy właściwej oceny ryzyka nawigacyjnego w akwenie. Ponadto szybkość zredukowana pozwali nam skuteczniej zatrzymać się statkiem, a jeśli dojdzie do kolizji, to wynikające z niej szkody będą zdecydowanie mniejsze.

W praktyce, jeśli tylko panują sprzyjające warunki nawigacyjne i hydrometeorologiczne, każdy statek stara się podążać z tzw. prędkością optymalną, czyli najlepszą z możliwych prędkości eksploatacyjnych statku, chyba że wytyczne podróży stanowią inaczej. W szczególnych przypadkach prędkość statku może być zatem dostosowana do istniejących warunków środowiskowych i okoliczności, w tym sytuacji nawigacyjnej w akwenie, konkretnych instrukcji właściciela statku i/lub jego zarządcy lub dostosowana do spełnienia specyficznych wymagań strony czarterującej.

# 4. Opory ruchu, prędkość kadłubowa i prędkość ekonomiczna

W praktyce, przy określaniu **prędkości ekonomicznej** ($v_e$), stosuje się średnie wskaźniki względnego zużycia paliwa opracowane dla każdego statku. Wskaźniki te określają przybliżoną ilość paliwa potrzebną do pokonania wyznaczonej trasy statku nad dnem (zwykle 100 Mm) przy różnych oporach ruchu (zmiennym obciążeniu silnika) i przy różnych ustawieniach prędkości eksploatacyjnej statku (zmiennym ustawieniu zadanego skoku śruby okrętowej CPP (*Controllable Pitch Propeller*) i/lub zmiennym ustawieniu obrotów wału napędowego RPM (ang. *Revolution Per Minute*).

W praktyce podczas normalnej eksploatacji statku, jeśli tylko istniejące warunki i okoliczności na to pozwalają, statek będzie podążał zawsze z prędkością ekonomiczną podyktowaną optymalnym zużyciem paliwa i zapasów ([6], [15], [24], [28]).

Wartości oszacowanej prędkości ekonomicznej statku zależą tu głównie od rodzaju generowanych przez niego oporów (zaburzeń) ruchu, a w szczególności oporu generowanego przez kadłub statku oraz oporu wywołanego dodatkowym oddziaływaniem prądu, wiatru i fali (opór tarcia, opór ciśnienia, opór lepkości, opór powietrza, opory falowe i inne).

W transporcie morskim sumaryczny opór statku definiowany jest zwykle jako siła potrzebna do holowania statku na spokojnej wodzie ze stałą prędkością ([2], [5], [8], [10], [25]). Stacjonarne ciało, które jest zanurzone w wodzie, doświadcza oddziaływania ciśnienia hydrostatycznego, które w efekcie generuje hydrostatyczną siłę wyporu skierowaną zawsze w kierunku przeciwnym do kierunku działania siły ciężkości. Ciśnienie hydrostatyczne zawsze więc działa w celu przeciwstawienia się ciężarowi ciała. Jeśli jednak zanurzone w wodzie ciało jest w ruchu, to pojawiają się wówczas dodatkowe ciśnienia hydrodynamiczne oddziaływujące na to ciało.

W rzeczywistości, statek w ruchu wytwarza więc falę przestrzenną o małej amplitudzie, której prędkość rozprzestrzeniania się (propagacji) w ogólnym przypadku opisana jest wzorem:

$$c = \sqrt{\frac{g \cdot \lambda}{2 \cdot \pi} \cdot \tanh\left(\frac{2 \cdot \pi \cdot h}{\lambda}\right)} \qquad [m/s] \quad (4)$$

Gdzie:

$c$= prędkość fazowa fali (jej szybkość) wyrażona w metrach na sekundę, [m/s];

$\lambda$= długość fali wyrażona w metrach, [m];

$\pi$= stała matematyczna: $\pi \approx 3.14159$;

$g$= przyspieszenie ziemskie: g= 9,81 m/s$^2$;

$h$= głębokość akwenu, [m].

Na wodzie głębokiej, gdy iloraz $\left(\frac{h}{\lambda}\right)$ jest stosunkowo duży, co w praktyce oznacza $h > \frac{\lambda}{2}$, tgh $\left(\frac{2\pi \cdot h}{\lambda}\right) \to 1$ i wzór (4) przechodzi w postać:

$$c = \sqrt{\frac{g \cdot \lambda}{2 \cdot \pi}} \cong 1.25 \cdot \sqrt{\lambda} \qquad [m/s] \quad (5)$$

Przy małych wartościach $h$ orbity cząsteczek wody w ruchu falowym są eliptyczne, a wielkość spłaszczenia elipsy rośnie ze zmniejszaniem się $h$. Przy tym długość fal poprzecznych na wodzie płytkiej jest większa niż na wodzie głębokiej i ma tendencję dążenia w granicy do nieskończoności. Wartość funkcji: tgh $\left(\frac{2\pi \cdot h}{\lambda}\right)$ zmierza zatem wówczas do wartości argumentu $\left(\frac{2\pi \cdot h}{\lambda}\right)$ powodując uproszczenie wzoru (4) do postaci:

$$c = \sqrt{\frac{g}{h}} \qquad [m/s] \quad (6)$$

Wzór (6) określa maksymalną prędkość rozprzestrzeniania się fali na wodzie płytkiej.

Statek poruszający się po powierzchni wody niezakłóconej generuje fale emanujące głównie z dziobu i rufy statku. Fale tworzone przez statek składają się z fal rozbieżnych i poprzecznych.

Fale rozbieżne pojawiają się w części dziobowej statku i są obserwowane, jako szereg symetrycznych fal ukośnych, których grzbiety rozchodzą się od dziobu symetrycznie na zewnątrz na obie burty statku. Fale te zostały najpierw zbadane przez Williama Thomsona, pierwszego Barona Kelvina, który jako pierwszy zauważył, że niezależnie od przyjętej prędkości postępowej statku, fale te zawsze układały się w 19-stopniowym symetrycznym klinie podążającym za statkiem liczonym na każdą z jego burt [24]. Fale rozbieżne nie powodują dużych oporów ruchów, choć ich wpływ na ruch postępowy statku jest jednak zauważalny.

Fale poprzeczne pojawiają na kierunkach prostopadłych do wyznaczonego kierunku ruchu statku i są obserwowane jako koryta i grzebienie fal pojawiające się na całej długości statku. Fale poprzeczne stanowią główną część oporów ruchu statku, które potocznie nazywane są oporem falowym (ang. *wave-making resistance*).

Energia związana z systemem fal poprzecznych przemieszcza się z połową prędkości fazowej lub prędkości grupowej fal. A zatem, jeżeli nasz statek chciałby osiągnąć opisaną powyżej prędkość fazową tej fali, musiałby on również pokonać te dodatkowe opory ruchu, a zatem jego siłownia okrętowa musiałby dostarczyć to dodatkowe zapotrzebowanie na energię (moc) do jego systemu napędowego.

Zależność pomiędzy prędkością statku a opisanymi powyżej czynnikami generującymi powstawanie okrętowych fal poprzecznych i powiązanych z tym oporów ruchu, można otrzymać poprzez zrównanie **prędkości fali** okrętowej z **prędkością statku** i podstawieniu jej do w/w równaniach ([12], [30]).

Froude zaobserwował (za [12]), że gdy statek lub jego model osiągnie pewną specyficzną wartość prędkości postępowej zbliżonej do prędkości fazowej fal poprzecznych, to wówczas fale poprzeczne obserwowane wzdłuż kadłuba osiągają długość równą długości linii wodnej kadłuba. Oznacza to, że dziób statku podążał będzie na grzbiecie jednej fali, podobnie jak jego rufa. Prędkość ta w żargonie marynarskim nazywana jest zwykle **prędkością kadłubową statku** (ang. *ship's hull speed*= $V_{hull}$) i jest ona funkcją jego długości ($V_{hull}$=1.25$\cdot\sqrt{L}$).

W praktyce wartość prędkości kadłubowej ustalana jest zwykle w obrębie 90% wartości prędkości fazowej (*c*) okrętowego układu falowego oraz jego tzw. prędkości krytycznej statku: $V_{hull}\approx 0,9\cdot V_{cr}$.

Obserwując to, Froude (za [12], [30]) zdał sobie sprawę, że problem oporu statku musi zostać podzielony na dwie różne części: opór przejściowy (ang. *residuary resistance*) związany głównie z oporem falowym (ang. *wave-making resistance*) oraz opór tarcia (ang. *frictional resistance*).

Dla każdego statku znalazł on geometrycznie podobny model, który poddawał on holowaniu z różnymi prędkościami mierząc opór ruchu. Opór tarcia i opór falowy zależą głównie od gęstości ośrodka, w którym porusza się statek (np. woda morska, woda słodka, napór powietrza), konstrukcji statku i parametrów jego kadłuba (*L, B, T, H,* $C_B$ oraz odpowiednich współczynnikach oporu kadłuba) i są jest one wprost proporcjonalne do kwadratu prędkości postępowej statku ($v$).

Oczywistym jest zatem to, że miarę wzrostu prędkości statku ($v$) bardzo szybko wzrastają również opory jego ruchu. Froude w efekcie swoich badań (za [12]) zauważył natomiast, że opory tarcia obserwowane dla jednostek wolniejszych stanowiły około 80% ich sumarycznej wartości oporu całkowitego, w przypadku natomiast jednostek szybkich opory tarcia oscylowały w obrębie 50% wartości oporu całkowitego. Opór falowy pojawiał się głównie w obrębie pewnych zakresów prędkości, po czym nieco malał osiągając swoje maksimum, gdy prędkość układu falowego ($c$) była równa prędkości postępowej statku ($v$). Tę charakterystyczną prędkość statku nazwano mianem **prędkości krytycznej** (ang. *critical speed*= $v_{cr}$).

Jeżeli prędkość systemu falowego ($c$) opisana we wzorze (6) jest równa prędkości statku ($v$), równanie (6) określi nam wartość prędkości krytycznej statku ($v_{cr}$). Według M. Jurdzińskiego (1999) [8], prędkość ekonomiczna statku jest związana z prędkością krytyczną i zazwyczaj waha się ona na poziomie około 60% wartości prędkości krytycznej ($v_e = 0.6 \cdot v_{cr}$).

## 5. Zakresy prędkości krytycznej statku

Przy wyborze prędkości statku w akwenach ograniczonych każdorazowo należy wziąć pod uwagę wartość jego tzw. **prędkości krytycznej** ($v_{cr}$), czyli prędkości, w obrębie której obserwuje się gwałtowny wzrost oporów ruchu statku (wywołanych głównie oporem falowym statku). Patrz rys. 3 punkt oznaczony jako ②. Utrzymanie prędkości krytycznej wiąże się zatem z większym zapotrzebowaniem na moc napędu, a tym samym z większym zużyciem paliwa ([7], [8], [12], [30]).

Wartość prędkości krytycznej można opisać w następujący sposób:

$$v_{cr} = \sqrt{g \cdot h} \qquad [\text{m/s}] \quad (7)$$

Gdzie:

$v_{cr}$= krytyczna prędkość statku wyrażona w metrach na sekundę, [m/s];

g = przyspieszenie ziemskie: g= 9.81 m/s2;

$h$= głębokość akwenu wyrażona w metrach, [m].

**Rys.3.** Zależność pomiędzy oporem statku $R_T$ a prędkością statku $v_s$ rejestrowana w kanale nawigacyjnym (na akwenach płytkich i ścieśnionych) oraz na morzu otwartym (na akwenie głębokim i szerokim). Źródło: Opracowano za [7] i [12].

Prędkość statku $v < \sqrt{g \cdot h}$ nazywana jest **podkrytyczną**, natomiast $v > \sqrt{g \cdot h}$ **nadkrytyczną** lub **ponadkrytyczną**. Jednak z praktycznego punktu widzenia, biorąc pod uwagę wysoki opór ruchu statku obserwowany nie tylko przy osiągnięciu prędkości krytycznej, ale także w jej bliskim sąsiedztwie, często zamiast pojęcia prędkości krytycznej wprowadza się pojęcie **zakresu prędkości krytycznych.**

Przedział taki opisywany jest wówczas przez **dolną i górną prędkość krytyczną** (na Rys. 3 obszar ten zaznaczony jest pomiędzy punktami ① i ③). Prędkości większe od górnej prędkości krytycznej nazywane są nadkrytycznymi, natomiast mniejsze od dolnej prędkości krytycznej podkrytycznymi. Wartość prędkości opisanej wzorem (7) znajduje się zawsze w przedziale prędkości krytycznych ([7], [10]).

W akwenach płytkich, przy prędkościach podkrytycznych, całkowity opór statku znacznie wzrasta w stosunku do oporu obserwowanego na wodzie głębokiej. Według A. Nowickiego (1999) [12], statek poruszający się na wodzie płytkiej może liczyć się z cztero- do siedmiokrotnym, a nawet większym wzrostem oporu całkowitego. Powodem tego jest wzrost oporu falowego w związku ze zmianą układu falowego i zwiększaniem się amplitudy fal okrętowych (największy składnik oporu całkowitego na płytkowodziu). Nastąpił również wzrost oporów tarcia i oporów ciśnienia w związku ze wzrostem prędkości prądu powrotnego oraz wzrost oporów tarcia w związku ze zwiększonym oddziaływaniem dna akwenu na dno statku.

Zwiększy się również wzrost oporów lepkości w związku z efektem osiadania statku w ruchu oraz zmianą jego trymu (przegłębienia). Przy czym maksymalna wartość oporu lepkości nie występuje przy prędkości krytycznej $\left(F_h = \frac{v}{v_{cr}} = 1\right)$ (patrz wzór (10)), ale przy pewnej wartości nieco mniejszej ($F_h \approx 0,9$). Dzieje się tak dlatego, ponieważ maksymalne osiadanie statku w ruchu w akwenie płytkim występuje przy tzw. prędkości kadłubowej, dla której fala statkowa osiąga długość $1.25 \cdot L$.

Przy **prędkościach krytycznych** statek porusza się na grzbiecie fali samotnej (ang. *surge wave*), osiadanie maleje, a opór statku jest na ogół nieco mniejszy niż w górnym zakresie prędkości podkrytycznych. Procentowa wartość zmiany oporu w stosunku do wody głębokiej spada z ok. 170% przy $F_h$= 0.9 do ok. 145% przy $F_h$= 1.0.

Przy **prędkościach nadkrytycznych** opór spada do wartości mniejszej niż na wodzie głębokiej [12]. Spowodowane jest to redukcją tzw. oporu spadku. Statek trymuje się na równą stępkę [3]. W praktyce osiągnięcie prędkości nadkrytycznych możliwe jest jednak tylko na statkach dysponujących dużą mocą napędową (np. okrętach wojennych), co pozwala na pokonanie początkowych oporów ruchu.

Ogólnie rzecz biorąc, podczas żeglugi w akwenie ograniczonym (na akwenach płytkich i/lub ścieśnionych), statek może poruszać się w jednym z trzech zakresów prędkości:

1) podkrytycznym (ang. *subcritical speed range*),

2) krytycznym (ang. *critical speed range*),

3) nadkrytycznym (ang. *supercritical speed range*).

Mając na względzie fakt, iż największe zakłócenia od lądu (brzegu i dna) obserwuje się głównie w akwenach płytkich i ścieśnionym, dokładną analizę prędkości przeprowadzimy dla statku poruszającego się w kanale nawigacyjnym.

W kanale za prędkości podkrytyczne uważa się stosunkowo niskie, ale stabilne prędkości statku, gdy cała objętość wypieranej przezeń wody przepływa, zgodnie z równaniem ciągłości, wokół kadłuba za rufę statku. Przepływ jest ustalony, można więc do niego zastosować równanie Bernoulliego.

W dynamice płynów zasada Bernoulliego stwierdza, że wzrost prędkości płynu następuje jednocześnie ze spadkiem ciśnienia i energii potencjalnej tego płynu. Zasada Bernoulliego może również wynikać z zasady oszczędzania energii. Stwierdza to, że w stałym przepływie suma wszystkich form energii w płynie wzdłuż linii przepływu jest taka sama we wszystkich punktach tej linii przepływu. Wymaga to zatem, aby suma energii kinetycznej, energii potencjalnej i energii wewnętrznej pozostała stała.

W takich warunkach ruch statku wywołuje specyficzne zależności między energią kinetyczną a ciśnieniem, co objawia się lokalnymi zmianami poziomu wody i prędkości strumienia wody opływającej kadłub (Rys.4). W miarę wzrostu prędkości zmiany ciśnienia mogą spowodować dość znaczne obniżenie poziomu wody wokół statku, w konsekwencji czego statek osiada (ang. *squat*). Jeśli głębokość wody jest mała, może dojść do uderzenia kadłubem statku o dno akwenu. Gdy statek osiąga tzw. prędkość kadłubową, nazywaną niekiedy również dolną prędkością krytyczną, ekstremalne wartości mają także prąd powrotny i osiadanie. Obniżenie zwierciadła wody jest maksymalne w miejscu, gdzie pole przekroju poprzecznego zanurzonej części kadłuba jest największe [12].

Po przekroczeniu dolnej wartości prędkości krytycznej statku przepływ staje się nieustalony (nie są spełnione równania Bernoulliego i ciągłości strugi). Prędkość prądu powrotnego nie wzrasta w tym samym tempie, w jakim zmienia się (w związku ze wzrostem prędkości statku) objętość wody wypieranej przez poruszający się statek. Dlatego też część objętości wody, która nie zdoła opłynąć kadłuba, pchana jest przed dziobem w formie samotnej fali tzw. przypływowej (ang. *surge wave*). Objętość wału wodnego przed dziobem stale się zwiększa przy nie zmieniającej się prędkości statku (energia ruchu rozpraszana jest przy pokonywaniu sił tarcia). Statek wyraźnie przegłębia się na rufę, ponieważ dziób unoszony jest przez spiętrzoną falę wygenerowaną przed kadłubem, a poziom wody na rufie obniża się w związku ze zmianą charakteru opływu wody wokół kadłuba statku.

W całym zakresie prędkości krytycznych obniżenie zwierciadła wody w okolicach owręża, czyli obszaru największego przekroju poprzecznego statku pozostaje największe, przy czym nie jest ono stałe, lecz zmniejsza się wraz ze wzrostem prędkości, wysokością fali odosobnionej i zmianami rozkładu prędkości prądu powrotnego. Dalej w stronę rufy znajduje się strefa, w której przepływ ma charakter szczególnie gwałtowny i burzliwy. Poza tą strefą występuje gwałtowny skok poziomu wody nazywany skokiem hydraulicznym (ang. *hydraulic jump*), który przy niskich prędkościach krytycznych zlokalizowany jest na śródokręciu tuż za owrężem, a wraz ze wzrostem prędkości przesuwa się w kierunku za rufę.

Przy dalszym zwiększaniu prędkości statku w kanale różnica między prędkością statku a prędkością fali odosobnionej zmniejsza się i kadłub zaczyna wznosić się na fali. Po osiągnięciu górnej prędkości krytycznej, statek i fala odosobniona przemieszczają się z taką samą prędkością. Głębokość wzdłuż kadłuba jest wciąż krytyczna mimo, iż jest ona nieco większa niż głębokość wody niezakłóconej obecnością statku odczytywana w akwenie daleko przed jego dziobem.

Przekroczenie górnej prędkości krytycznej objawia się zanikiem spiętrzonej fali odosobnionej i stabilnym przepływem wody wokół kadłuba. Głębokość akwenu rejestrowana przy kadłubie w obrębie dziobu nie jest już krytyczna i zmniejsza się nieco wraz ze wzrostem prędkości statku. Powyżej górnej prędkości krytycznej nie istnieją już żadne ograniczenia związane z opływem wody wokół kadłuba, a opór falowy jest znikomo mały o wartościach zbliżonych do zera [12]. Opór całkowity może być zatem nawet nieco mniejszy niż ten rejestrowany na akwenach szerokich i głębokich (Patrz Rys. 3 opisujący zależność pomiędzy oporem statku $R_T$ a jego prędkością $v_s$ rejestrowaną w kanale nawigacyjnym oraz na morzu otwartym).

## 6. Prędkość graniczna i prędkość osiągalna

Praktyka pokazuje, że statki poruszające się w kanałach żeglownych za pomocą własnych napędów (pędników okrętowych) zwykle nie mogą przekroczyć pewnej charakterystycznej prędkości granicznej ([3], [7], [12], [24], [30]). Powodem tego jest fakt, że w kanałach żeglownych (szczególnie tych wąskich i płytkich) śruba napędowa statku pracuje w krytycznych warunkach ciśnienia. Ilość wody napływająca na śrubę napędową nie jest w stanie (niezależnie od dostarczonej mocy i/lub prędkości obrotowej silnika) zwiększyć prędkość statku. Prędkość ta pozostaje więc stała tak długo, jak długo przepływ wokół kadłuba pozostaje krytyczny. Oznacza to, że bez zastosowania dodatkowej siły, ta graniczna prędkość nie zostanie przekroczona.

W literaturze, maksymalna wartość prędkości, jaką może rozwinąć statek w kanale, ze względu na ograniczoną moc jego napędu, nazywana jest **prędkością graniczną** = $v_{bl}$ (ang. *Border Ship's Speed*). Z drugiej strony, prędkość określająca początkową fazę nagłego wzrostu oporów ruchu statku w kanale nazywana jest prędkością **osiągalną**= $v_{ac}$ (ang. *Achievable (Reachable) Ship's Speed*;).

W literaturze można znaleźć wiele metod służących do określania prędkości granicznej i osiągalnej statku w akwenach ograniczonych (np. [2], [4], [7], [8], [10], [12], [24], [27]), i chociaż badania wokół poruszanych tu zagadnień opływu rozpoczęto przed wielu laty, dotychczas nie ustalono jednak jednolitego poglądu na temat ustalania ich konkretnych wartości granicznych. Z punktu widzenia osoby kierującej statkiem (oficera wachtowego) najważniejsze są zjawiska występujące bezpośrednio przed dziobem i wokół kadłuba statku, i tylko one zostaną tu omówione.

W celu określenia granic obszaru krytycznego przyjmuje się następujące założenia: Statek ma stałą prędkość ($v$). Przekrój poprzeczny kanału ($A$) jest stały na całej jego długości. Prędkość prądu powrotnego ($v_p$) jest stała na całym przekroju poprzecznym kanału. Głębokość wody ($h$) jest stała na całej długości kanału. Pod uwagę brane będą tylko średnie prędkości prądu (nurtu) i obniżanie zwierciadła wody wzdłuż kadłuba (patrz Rys.4 – osiadanie statku $z$= *ship's squat*)).

Wychodząc z równania Bernoulliego oraz równania ciągłości strugi otrzymuje się następujący układ równań (za [12]):

$$\begin{cases} \frac{v+v_p}{v} = \left(1 - S - \frac{z}{h}\right)^{-1} \\ \frac{z}{h} = \frac{1}{2} \cdot F_h^2 \cdot \left[\left(\frac{v+v_p}{v}\right)^2 - 1\right] \end{cases} \quad (8)$$

Gdzie:

$v$= prędkość statku wyrażona w metrach na sekundę, [m/s];
$v_p$= prędkość prądu powrotnego (nurtu) wyrażona w metrach na sekundę, [m/s];
$z$= osiadanie statku w ruchu (ang. *ship's squat*) wyrażone w metrach, [m];
$h$= średnia głębokość akwenu w kanale żeglownym, wyrażona w metrach, [m];
$S$= współczynnik określający względny przekrój poprzeczny kanału:

$$S = \frac{A_M}{A} \quad (9)$$

$A_M$ = pole przekroju poprzecznego podwodnej części kadłuba statku liczone na owrężu wyrażone w metrach kwadratowych: $A_M \approx B \cdot T$, gdzie $B$= szerokość statku, $T$= zanurzenie statku, [m$^2$];

$A$ = pole powierzchni przekroju poprzecznego oszacowane dla kanału żeglownego w metrach kwadratowych, [m$^2$]; Dla kanału trapezowego pole to wyraża się wzorem: $A = 0.5 \cdot (b + b_0) \cdot h_0$, gdzie $b$= średnia szerokość kanału nawigacyjnego mierzona na powierzchni wody, $b_o$= średnia szerokość kanału mierzona na głębokości nawigacyjnej kanału $h_o$, $h_o$= głębokość nawigacyjna kanału żeglownego ($h_o \approx$ h);

$F_h$= liczba Froude'a, dla prędkości statku $v$ i głębokości akwenu $h$:

$$F_h = \frac{v}{\sqrt{g \cdot h}} \quad (10)$$

Przekształcenie równań (7) i (9) daje nam wzór (11):

$$\frac{1}{2} \cdot F_h^2 \cdot \left(\frac{v + v_p}{v}\right)^2 - 3 \cdot \left(1 - S + \frac{1}{2} \cdot F_h^2\right) \cdot \left(\frac{v + v_p}{v}\right) + 1 = 0 \qquad (11)$$

W badaniach dowiedziono, że maksymalna objętość wody przepływa wokół statku przy maksymalnej wartości prędkości prądu powrotnego. A zatem różniczkując równanie (11) względem $\left(\frac{v+v_p}{v}\right)$ i podstawiając wyznaczone w ten sposób wyrażenie $\left(\frac{v+v_p}{v}\right)$ znów do równania (11) otrzymuje się końcowy wzór (11) na krytyczne liczby Froude'a powiązane z wartościami prędkości granicznych rejestrowanych w kanałach żeglownych [12]:

$$(F_h^{cr})^2 - 3 \cdot (F_h^{cr})^{\frac{2}{3}} + 2 \cdot (1 - S) = 0 \qquad (12)$$

Zbiór rozwiązań tego równania przedstawiono w tabeli 2.

**Tabela 2**. Krytyczne liczby Froude $(F_h^{cr})$ w funkcji względnego przekroju kanału nawigacyjnego (*S*). Źródło: Opracowano na podstawie [12].

| WZGLĘDNY PRZEKRÓJ POPRZECZNY KANAŁU (*S*) | KRYTYCZNA LICZBA FROUDE'A | |
|---|---|---|
| | DOLNA | GÓRA |
| *0.0* | *1.00000* | *1.00000* |
| *0.1* | *0.62281* | *1.39443* |
| *0.2* | *0.47455* | *1.56118* |
| *0.3* | *0.36549* | *1.69020* |
| *0.4* | *0.27777* | *1.79958* |
| *0.5* | *0.20467* | *1.89638* |
| *0.6* | *0.14302* | *1.98422* |
| *0.7* | *0.09131* | *2.06524* |
| *0.8* | *0.04913* | *2.14085* |
| *0.9* | *0.01725* | *2.21204* |
| *1.0* | *0.00000* | *2.27951* |

W zakresie prędkości podkrytycznych i nadkrytycznych obowiązuje równanie Bernoulliego i równanie ciągłości strugi, a zatem można z nich obliczyć wartość osiadania oraz prędkość prądu powrotnego.

W zakresie prędkości krytycznych, powierzchnia wody w pobliżu statku wygląda jak na Rys. 4. Widać tam, że poziom wody wzdłuż kadłuba ($h_2$) może być wyższy niż głębokość niezakłócona obecnością statku mierzona daleko przed jego dziobem ($h_0$).

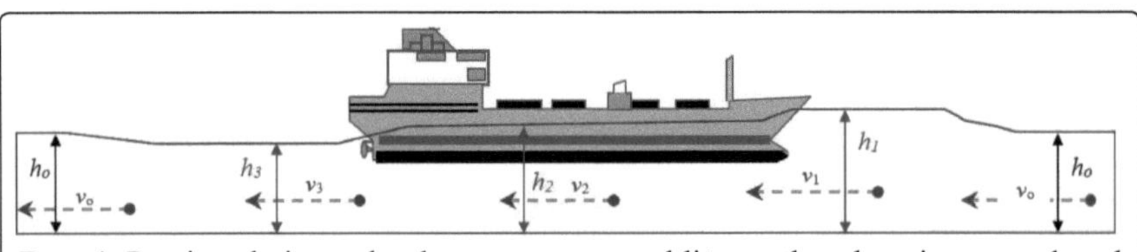


**Rys. 4.** Powierzchnia wody obserwowana w pobliżu statku pływającego w kanale nawigacyjnym w krytycznym zakresie prędkości. Źródło: Na podstawie [12].

Ponieważ w normalnych warunkach eksploatacji, statki nie przekraczają zazwyczaj pewnej ***prędkości granicznej*** (nie bierze się pod uwagę gwałtownych zmian głębokości, oraz jednostek dysponujących znacznym zapasem mocy napędowej, np. okrętów wojennych), przedstawiony zostanie tylko wyjściowy układ równań (za [12]) pozwalający wyznaczyć wszystkie parametry (prędkości i głębokości) charakteryzujące ruch statku w zakresie jego prędkości krytycznych (granicznych i osiągalnych) w kanale.

W układzie związanym z falą samotną ruch jest opisywany przez równanie ciągłości i prawo zachowania momentów:

$$\begin{cases} v_o \cdot h_o = v_1 \cdot h_1 \\ v_o^2 \cdot h_o + \frac{1}{2} \cdot g \cdot h_o^2 = v_1^2 \cdot h_1 + \frac{1}{2} \cdot g \cdot h_1^2 \end{cases} \tag{13}$$

Przypływ wody w niewielkiej odległości od statku ma charakter ustalony, tzn. prędkość jest dokładnie taka, że pozwala całej masie wody opłynąć kadłub. W układzie związanym ze statkiem spełnione jest wtedy równanie (14) przytoczone tu za [12]:

$$\frac{\partial}{\partial v_1}(v_1 \cdot h_1 \cdot b) = 0 \tag{14}$$

Dodatkowo dla przekroju 1 i 2 można zastosować równanie ciągłości strumienia oraz prawo Bernoulliego:

$$\begin{cases} v_1 \cdot h_1 \cdot b = v_2 \cdot (h_2 \cdot b - A_M) \\ \frac{1}{2} \cdot v_1^2 + g \cdot h_1 = \frac{1}{2} \cdot v_2^2 + g \cdot h_2 \end{cases} \tag{15}$$

gdzie oznaczenia są takie same jak opisane wcześniej i są przedstawione na rysunku 4.

Układy równań (12) do (14) pozwalają na wyznaczenie pięciu pożądanych wielkości, tj.: $h_1$, $h_2$, $v_1$, $v_2$, pokazanych na rys. 4 oraz parametru $v_a$ oznaczającego prędkość fali odosobnionej (ang. *speed of the isolated wave*).

Ponieważ założenia przyjęte do matematycznego opisu zjawiska są jedynie uproszczeniem sytuacji rzeczywistej, prędkość graniczna ($v_{bl}$) jest nieco większa od dolnej prędkości krytycznej obliczonej za pomocą wzoru (11).

**Tabela 3.** Stosunek mocy wytworzonej przez statek (ang. *power generated* = $N_G$, skrót polskojęzyczny= $N_w$,) do wyporności statku *D* (ang. *displacement*). Źródło: Opracowanie własne autora.

| NAZWA STATKU | *V* | | *D* | *Nw*=$N_G$ | | *Nw/D* | |
|---|---|---|---|---|---|---|---|
| | [kn] | [m/s] | [t] | [BHP] | [kW] | [BHP/t] | [kW/t] |
| Modlin | 14.0 | 7.20 | 3 004 | 2 250 | 1 654 | 0.749 | 0.550 |
| Szczawnica | 15.7 | 8.08 | 8 450 | 5 000 | 3 675 | 0.592 | 0.435 |
| Kopalnia Moszczenica | 15.2 | 7.82 | 15 740 | 7 850 | 5 769 | 0.499 | 0.366 |
| Zagłębie Dąbrowskie | 14.2 | 7.31 | 20 670 | 7 200 | 5 292 | 0.348 | 0.256 |
| Ziemia Mazowiecka | 14.5 | 7.46 | 30 999 | 9 600 | 7 056 | 0.310 | 0.227 |
| Czwartacy Al | 15.0 | 7.72 | 40 645 | 11 200 | 8 232 | 0.275 | 0.202 |
| Manifest Lipcowy | 15.5 | 7.97 | 69 283 | 17 040 | 12 524 | 0.246 | 0.180 |
| Svenita nordycka | 14.0 | 7.20 | 106 506 | 15 170 | 11 157 | 0.142 | 0.105 |
| Kasprowy Wierch | 15.2 | 7.82 | 158 260 | 24 000 | 17 640 | 0.152 | 0.111 |
| Esso Malezja | 16.2 | 8.33 | 220 450 | 29 808 | 21 908 | 0.135 | 0.090 |
| Texaco Frankfurt | 15.5 | 7.97 | 286 034 | 28 389 | 20 865 | 0.099 | 0.072 |
| Kockumus ULCC | 15.5 | 7.97 | 495 396 | 40 556 | 29 808 | 0.082 | 0.060 |

Wynika to z faktu, że prędkość prądu powrotnego nie jest stała w całym przekroju poprzecznym kanału i strugi wody w dalszej odległości od kadłuba statku nie poruszają się względem niego z prędkościami krytycznymi. Istnieje więc możliwość dopływu pewnej objętości wody z tych strug do śruby i wzrostu prędkości poruszania się statku.

Różnice w dolnej prędkości krytycznej i rzeczywistej prędkości granicznej stają się bardziej wyraźne, gdy wzrasta wartość współczynnika ($S$) określającego względny przekrój akwenu. Wraz ze wzrostem szerokości kanału ($b$) wzrasta także szerokość na jaką rozciąga się spiętrzona fala odosobniona. Rośnie zatem i energia absorbowana przez tę falę (siły tarcia).

W przypadku akwenów nieograniczonych pod względem szerokości i głębokości energia rozpraszana jest bardzo duża. Nie pozwala to statkowi płynąć z prędkością krytyczną ($F_h = 1$), ale może on tę prędkość przekroczyć [12]. Podczas normalnej eksploatacji statki handlowe zazwyczaj jednak nie przekraczają wartości prędkości osiągalnej. Moc napędu głównego morskich statków handlowych jest zazwyczaj niewystarczająca do osiągnięcia krytycznej wartości prędkości w kanałach żeglownych, chociaż może być ona wystarczająca do osiągnięcia jej w określonych warunkach na wodzie płytkiej lub pogłębionym torze wodnym.

**Prędkość graniczna ($v_{bl}$) i prędkość osiągalna ($v_{ac}$) w akwenach płytkich:** Nawiązując do wzoru (7), prędkość graniczną i osiągalną na wodzie płytkiej z dużym przybliżeniem wyrażają zależności, które cytujemy tu w oparciu o pracę D. Dudy i K. Norwisza (1976) [3]:

- wzory G. Kempfa

$$v_{bl\,K} = 2.9 \cdot \sqrt{h} \approx 0.93 \cdot \sqrt{g \cdot h} \qquad [\mathrm{m/s}] \qquad (16)$$

$$v_{ac\,K} = 2.5 \cdot \sqrt{h} \approx 0.80 \cdot \sqrt{g \cdot h} \qquad [\mathrm{m/s}] \qquad (17)$$

- wzory Schmidta-Stiebnitza

$$v_{bl\,K} = 2.86 \cdot \sqrt{h} \approx 0.91 \cdot \sqrt{g \cdot h} \qquad [\mathrm{m/s}] \qquad (18)$$

$$v_{ac\,K} = 2.22 \cdot \sqrt{h} \approx 0.71 \cdot \sqrt{g \cdot h} \qquad [\mathrm{m/s}] \qquad (19)$$

Żaden z powyższych wzorów nie uwzględnia jednak elementów geometrii statku i względnej głębokości akwenu. Dlatego też, do określenia prędkości, która może okazać się graniczna dla konkretnego statku, konieczne jest stosowanie innych zależności. Do obliczenia prędkości osiągalnej statku w kanale żeglownym można np. posłużyć się równaniami Seliwanowa przytoczonymi tu na podstawie pracy J.Porady (1972) [15]:

$$v_{ac\,S} = 3.13 \cdot \sqrt{\frac{2 \cdot h}{3 \cdot K_S^2 - 1}} \quad \text{for} \quad \frac{h}{T} \leq 1.4 \qquad \text{[m/s]} \qquad (20)$$

$$v_{ac\,S} = 3.44 \cdot \sqrt{\frac{3 \cdot h}{3 \cdot K_S^2 - 1}} \quad \text{for} \quad 1.5 < \frac{h}{T} < 4 \qquad \text{[m/s]} \qquad (21)$$

Gdzie:

$v_{ac\,S}$= prędkość osiągalna szacowana w akwenie płytkim według metody Seliwanowa, wielkość wyrażana w metrach na sekundę, [m/s];

$h$= głębokość akwenu nawigacyjnego, wielkość wyrażana w metrach, [m];

$Ks$= bezwymiarowy współczynnik zależny od parametrów statku (jego długości $L$ i szerokości $B$) obliczany według następującego wzoru:

$$K_S = 0.00156 \cdot \left(\frac{L}{B}\right)^2 - 0.05244 \cdot \left(\frac{L}{B}\right) + 1.48099 \qquad (22)$$

$L$= długość statku wyrażona w metrach, [m];

$B$= szerokość statku wyrażona w metrach, [m].

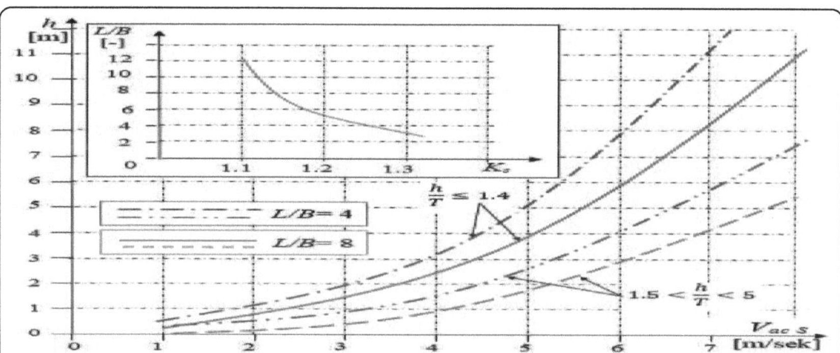


**Rys. 5**. Wykresy służące do szacowania prędkości osiągalnej statku na wodach płytkich według metody Seliwanowa na podstawie J. Porady (1972), Źródło: [15].

Wzory Seliwanowa zostały sprawdzone w trakcie badań modelowych prowadzonych przez Römischa (za [12]) i dla zakresu $\left(\frac{h}{T} \leq 1{,}4\right)$ stwierdzono zgodność wyników, natomiast w przypadku zakresu $\left(1{,}5 < \frac{h}{T} < 4{,}0\right)$ wyniki obliczeń okazały się być zaniżone względem pomiarów o około 30% do 50%.

Inną metodę określenia granicznej prędkości statku na wodzie płytkiej przedstawiono w badaniach H. Vermeer'a (1977) (za [12]). Jego metoda opierała się na odczytach z krzywej wykresu funkcji $F_{hL} = F_{hL}\left(\frac{\sqrt{A_M}}{h}\right)$, której wyniki, z wystarczającą dokładnością można opisać wzorem (23) H. Vermeera (1977) (za [12]):

$$F_{hL} = 0.12320 \cdot \left(\frac{\sqrt{A_M}}{h}\right)^3 - 0.34019 \cdot \left(\frac{\sqrt{A_M}}{h}\right)^2 + 0.07081 \cdot \left(\frac{\sqrt{A_M}}{h}\right) + 1 \tag{23}$$

Jednakże, jak wykazał J. Kabaciński w swoich badaniach z 1993 r. [31], dla różnych typów statków handlowych stosunek $B/T$ wynosi zwykle od 2 do 4, a $A_M \approx B \cdot T$, a to oznacza, że parametr $\left(\sqrt{A_M} = (1{,}41 \div 2{,}00) \cdot T\right)$ i wówczas graniczna liczba Froude'a może być również przedstawiona jako zależność funkcyjna pomiędzy głębokością akwenu i zanurzeniem statku: $(h/T)$.

**Prędkość graniczna ($v_{bl}$) i prędkość osiągalna ($v_{ac}$) w kanałach żeglownych:**

Podczas ruchu statku w kanale żeglownym dochodzi do zakłócenia układu wytwarzanych fal okrętowych spowodowane obecnością ograniczenia poprzecznego (jakim są boczne brzegi kanału), co w praktyce objawia się dodatkowym wzrostem oporu ruchu. W żargonie morskim zjawisko to nazywane jest 'efektem kanałowym' (ang. *channel effect*).

Wartość granicznej liczby Froude'a w tym przypadku lepiej wyraża się w funkcji tak zwanego '**promienia hydraulicznego**'. Wielkość ta wyraża stosunek pola powierzchni zajmowanej przez wodę w danym przekroju poprzecznym układu statek-kanał ($A$-$A_M$) do długości zwilżonego przez nią obwodu kadłuba ($l_M$) i zwilżonej części kanału nawigacyjnego ($l$) - patrz Rys.6.

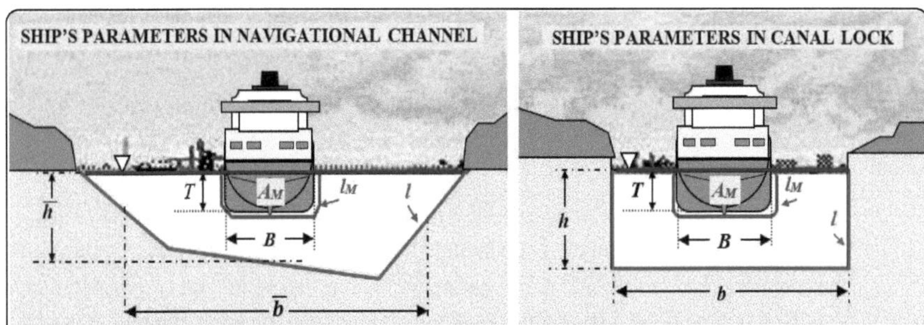


**Rys. 6**. Parametry do obliczania promienia hydraulicznego dla statku w kanale nawigacyjnym o prostokątnym i nieregularnym przekroju poprzecznym zgodnie z L.D. Ferreiro "*The Effects of Confined Water Operations on Ship Performance: A Guide for the Perplexed*", *Naval Engineers Journal*, listopad 1992 r. [4].

Promień hydrauliczny dla kanału nawigacyjnego o regularnym i/lub nieregularnym przekroju jest obliczany według poniższego wzoru:

$$R_h = \frac{A - A_M}{l + l_M} = \frac{b \cdot h - A_M}{l + l_M} \approx \frac{\bar{b} \cdot \bar{h} - A_M}{l + l_M} \qquad [\mathrm{m}] \qquad (24)$$

Gdzie:

$R_h$= promień hydrauliczny dla kanału nawigacyjnego wyrażony w metrach, [m];

$A$ = pole powierzchni przekroju poprzecznego oszacowane dla kanału żeglownego w metrach kwadratowych, [m$^2$]. Dla kanału trapezowego pole to wyraża się wzorem: $A = 0.5 \cdot (b + b_0) \cdot h_0$, gdzie $b$= średnia szerokość kanału nawigacyjnego mierzona na powierzchni wody, $b_o$= średnia szerokość kanału mierzona na głębokości nawigacyjnej kanału $h_o$, $h_o$= głębokość nawigacyjna kanału żeglownego;

$A_M$ = pole przekroju poprzecznego podwodnej części kadłuba statku liczone na owrężu wyrażone w metrach kwadratowych: $A_M \approx B \cdot T$, gdzie $B$= szerokość statku, $T$= zanurzenie statku, [m$^2$];

$b$= szerokość akwenu żeglownego wyrażona w metrach. Symbol $\bar{b}$ oznacza wartość średnią, [m];

$h$= głębokość akwenu wyrażona w metrach, $\bar{h}$ oznacza wartość średnią, [m];

$l$= długość obwodu zwilżonej części kanału wyrażona w metrach i analizowana w polu przekroju poprzecznym kanału nawigacyjnego, [m];

$l_M$= długość obwodu zwilżonej części kadłuba analizowana w przekroju poprzecznym statku na śródokręciu wyrażona w metrach, [m];

Graniczą prędkość statku w kanale przedstawia wyrażenie (25) za [12]:

$$v_{bl} = \sqrt{g \cdot R_h} \qquad [m/s] \quad (25)$$

Gdzie:

$R_h$= promień hydrauliczny dla kanału nawigacyjnego wyrażony w metrach, [m];

$v_{bl}$= prędkość graniczna statku szacowana dla kanałów żeglownych, w literaturze polskojęzycznej wielkość oznaczana symbolem $v_{gr}$= $v_{bl}$, ang. *border speed.* Wielkość wyrażana w metrach na sekundę [m/s] lub węzłach [kn];

$g$ = przyspieszenie ziemskie: $g$ = 9.81 m/s$^2$.

W przypadku kanału prostokątnego bez statku wzór na promień hydrauliczny przyjmuje postać:

$$R_h = \frac{b \cdot h}{b + 2 \cdot h} \qquad [m] \quad (26)$$

Widać stąd, że dla $b \to \infty$, $R_h \to h$ i mamy wówczas do czynienia z warunkami adekwatnymi dla płytkiego akwenu otwartego.

Inna metoda obliczania prędkości osiągalnej statku ($v_{ac}$) dla akwenów ograniczonych, w tym również w kanałów żeglugowych, opracowana została przez Römischa (1990) przedstawiana tu za [12]:

$$V_{ac\,R} = k \cdot \sqrt{g \cdot h} \qquad [m/s] \quad (27)$$

Gdzie:

$v_{ac\,R}$= prędkość osiągalna statku oszacowana dla akwenów płytkich i ścieśnionych według metody Römisch'a, wartość wyrażana w metrach na sekundę, [m/s];

g= przyspieszenie ziemskie: g=9.81 m/s$^2$;

$h$= głębokość akwenu wyrażona w metrach, [m];

$k$= bezwymiarowy współczynnik wprowadzony przez Römisch'a zależny od wymiarów statku (L, B, T) oraz parametrów kanału żeglownego (b, h).

W zależności od stosunku szerokości akwenu (kanału żeglownego) do długości statku $\left(\frac{b}{L}\right)$, oraz względnego przekroju akwenu $\left(\frac{A_M}{A}\right)$ wyróżnia się tu trzy zakresy prędkości:

1. Dla $\left(\frac{b}{L} > 3\right)$ oraz $\left(\frac{A_M}{A} \geq \frac{1}{6}\right) \rightarrow$ $$k = \left(\frac{1}{80} \cdot \frac{h}{T} \cdot \frac{L}{B}\right)^{0,125} \quad (28)$$

2. Dla $\left(\frac{b}{L} > 3\right)$ oraz $\left(\frac{A_M}{A} < \frac{1}{6}\right) \rightarrow$ $$k = \left(\frac{1}{80} \cdot \frac{h}{T} \cdot \frac{L}{B}\right)^{\beta} \quad (29)$$
gdzie: $\beta = 0,24 \cdot \left(\frac{L}{b}\right)^{0,55}$, $\beta \geq 0,125$;

3.Dla $\left(\frac{b}{L} \leq 3\right)$ oraz $\left(\frac{A_M}{A} \geq \frac{1}{6}\right)$, $k$ jest liczbą rzeczywistą, której wartości znajdują się w przedziale $\langle 0,1 \rangle$ i są określone przez pierwiastki równania (30):

$$(k^2)^3 + \left[g \cdot \left(1 - \frac{A_M}{A}\right)\right](k^2)^2 + \left[12 \cdot \left(1 - \frac{A_M}{A}\right)^2 - 27\right] \cdot k^2 + 8 \cdot \left(1 - \frac{A_M}{A}\right)^3 = 0 \quad (30)$$

Przykładowe wartości współczynnika $k$ wyznaczone z równania (30) dla współczynników względnego przekroju kanału z przedziału $\left(0,167 < \frac{A_M}{A} < 1,0\right)$ przedstawiono w tabeli 4:

**Tabela 4.** Wartości współczynnika $k$ stosowanego do obliczania prędkości osiągalnej statku ($v_{ac}$) metodą Römisha. Źródło: Badania własne autora oparte na [12].

| $S = \frac{A_M}{A}$ | $k$ | $S = \frac{A_M}{A}$ | $k$ | $S = \frac{A_M}{A}$ | $k$ |
|---|---|---|---|---|---|
| *0.167* | *0.53311* | *0.450* | *0.24027* | *0.750* | *0.06902* |
| *0.200* | *0.48491* | *0.500* | *0.20501* | *0.800* | *0.04913* |
| *0.250* | *0.42253* | *0.550* | *0.17272* | *0.850* | *0.03178* |
| *0.300* | *0.36887* | *0.600* | *0.14311* | *0.900* | *0.01725* |
| *0.350* | *0.32146* | *0.650* | *0.11602* | *0.950* | *0.00609* |
| *0.400* | *0.27889* | *0.700* | *0.09133* | *1.000* | *0.00000* |

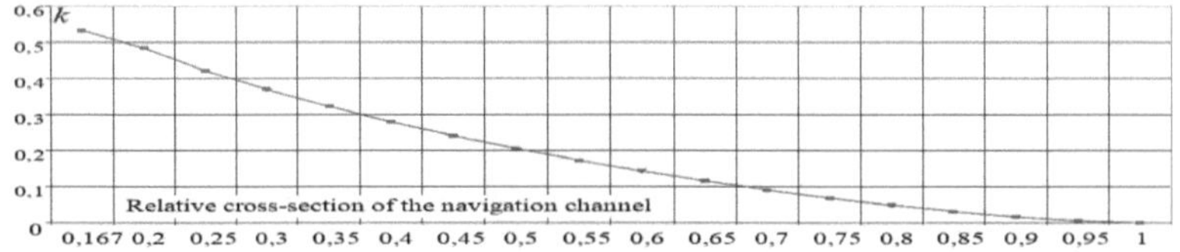

k
Relative cross-section of the navigation channel
0,167 0,2 0,25 0,3 0,35 0,4 0,45 0,5 0,55 0,6 0,65 0,7 0,75 0,8 0,85 0,9 0,95 1

Zbiór rozwiązań tego równania z dokładnością do dwóch miejsc po przecinku można również wyrazić za pomocą następującego wzoru opracowanego przez A. Millward'a (1990) [10]:

$$k = 1.41489 \cdot \left(1 - \frac{A_M}{A}\right)^2 - 0.94412 \cdot \left(1 - \frac{A_M}{A}\right) + 0.33565 \qquad (31)$$

W tabeli 5 przedstawiono wartości prędkości krytycznych, granicznych i osiągalnych obliczone za pomocą różnych metod dla czterech przykładowych kanałów żeglownych.

**Tabela 5.** Wartości prędkości krytycznej ($v_{cr}$), osiągalnej ($v_{ac}$), granicznej ($v_{bl}$) i dopuszczalnej ($v_{p\ max}$) opracowane dla największych statków morskich, które mogą korzystać z analizowanych kanałów żeglownych. Źródło: Własne badania autora.

| PRĘDKOŚĆ STATKU [km/h] | | Nr wzoru | NAZWA KANAŁU NAWIGACYJNEGO | | | |
|---|---|---|---|---|---|---|
| | | | SUEZ CANAL | PANAMA CANAL | KIEL CANAL | ROUEN -PARIS |
| Krytyczna $v_{cr}$ | | (4) | 49.8 | 45.9 | 37.4 | 24.4 |
| Dopuszczalna w kanale: $v_{p\ max}$ | | NA | 14 / 13 | 18.5 | 18.5 | 10.0 |
| Graniczna | Metodą Kempfa: $v_{bl\ K}$ | (16) | 46.1 | 42.5 | 34.6 | 22.6 |
| | Smidt-Stiebnitz: $v_{bl\ S\text{-}S}$ | (18) | 45.5 | 41.9 | 34.1 | 22.3 |
| | Metodą z promienia hydraulicznego: $v_{bl\ l}$ | (25) | 28.8 / 28.6 | 31.1/ 31.4 | 20.1 / 21.6 | 18.2 |
| | Metodą Vermeera: $v_{bl\ V}$ | (23) | 38.8 / 39.1 | 37.2 /37.6 | 27.9 /28.7 | 18.3 |
| Osiągalna prędkość | Metodą Kempfa: $v_{ac\ K}$ | (17) | 39.7 | 36.7 | 29.8 | 19.5 |
| | Metodą Smidta: $v_{ac\ S}$ | (19) | 35.3 | 32.6 | 26.5 | 17.3 |
| | Metodą Römischa: $v_{ac\ R}$ | (27) | 17.9 /18.4 | 22.9 /23.6 | 11.0 /14.7 | 13.7 |
| | Metodą dolnej liczby Froude: $v_{ac\ F}$ | (10) | 17.7 / 18.2 | 22.4 /23.0 | 11.0 / 14.0 | 13.2 |
| | Metodą Selimanowa: $v_{ac\ S}$ | (20)<br>(22) | 37.7 / 50.7<br>41.6 / 55.9 | 38.3 /51.6 | 27.2 /39.2 | 19.6 |
| Uwaga: Przyjęto długość statku $L= 6 \cdot B$ i $L= 9 \cdot B$. | | | | | | |

W obliczeniach przyjęto parametry maksymalnych statków, które zdaniem zarządcy kanału mogą tam w sposób bezpieczny nawigować. W tabeli, dla porównania, umieszczono również wartości prędkości **dopuszczalnych (akceptowalnych)** = $v_{p\ max}$

ustalone dla każdego kanału nawigacyjnego przez lokalne administracje morskie (ang. *permissible (acceptable) speed*).

Na podstawie przedstawionych tu wyników łatwo zauważyć duże rozbieżności w uzyskanych wartościach granicznych i osiągalnych prędkości statku szacowanych dla tych samych akwenów żeglownych z zastosowaniem różnych metod obliczeniowych. Główną przyczyną tej sytuacji jest prawdopodobnie fakt, że większość opisywanych tu metod opierała się głównie na badaniach empirycznych, w ograniczonym zakresie modelowych, przy braku potwierdzenia prawidłowości ich wskazań z pomiarami rzeczywistymi, a to stwarza konieczność traktowania ich z dużą ostrożnością.

Mając na względzie zachowanie pewnego marginesu bezpieczeństwa (zaniżenie prędkości dopuszczalnej), oraz przesłanki natury praktycznej dotyczące zakresu stosowalności wzorów i ich zgodności z pomiarami rzeczywistymi, dla celów niniejszej pracy do określenia prędkości granicznej ($v_{bl}$) stosować będziemy wzór (25) (wykorzystując promień hydrauliczny akwenu), natomiast do określenia prędkości osiągalnej ($v_{ac}$), wzór (10) (określający dolną liczbę Froude'a) względnie wzór (27) (wykorzystujący metodę Römisch'a).

# 7. Prędkość statku morska cała naprzód i prędkość manewrowa

Prędkość statku **morska cała naprzód** (ang. *Sea Speed Full Ahead=SFAH*), jest to prędkość rozwijana podczas przejść morskich podczas korzystnych warunków hydrometeorologicznych. Prędkość ta zależna jest od wielu czynników, w tym między innymi od wzajemnego dopasowania mocy silnika, parametrów zastosowanej śruby oraz kształtu, wielkości i chropowatości kadłuba (jego oporów). Jej wartość ustala armator, który na podstawie dokładnej znajomości technicznych możliwości zespołu napędowego (określonych przez konstruktora) oraz w oparciu o rachunek ekonomiczny może polecić eksploatowanie siłowni okrętowej przy określonej mocy. W praktyce spotkać można siłownie eksploatowane przy 100% mocy, jednak w przeważającej liczbie wypadków wykorzystuje się tylko 90% jej mocy [12].

W odróżnieniu od prędkości cała naprzód morska (SFAH), w praktyce stosuje się również nastawę prędkości statku **cała naprzód manewrowa** FAH (ang. *Full Ahead*). Obowiązuje ona od momentu ogłoszenia pogotowia manewrowego dla siłowni okrętowej (ang. *Stand by on Main Engine*) i trwa aż do momenty zakończenia tego pogotowia wyraźnym poleceniem kapitana. Siłownia okrętowa ECR (ang. *Engine Control Room*) jest wówczas obsadzona ludźmi, a w razie potrzeby główne paliwo silnikowe można wymienić z tzw. paliwa ciężkiego (HFO) na tzw. paliwo lekkie (MGO/MDO) gwarantujące większą stabilność i niezawodność pracy silnika.

Cała naprzód manewrowa (FAH) jest zawsze mniejsza od prędkości cała naprzód morska (SFAH), umożliwia ona ponadto płynną regulację prędkości statku i w miarę potrzeb jej dalszą redukcję i/lub ponowny wzrost, dlatego też jest ona powszechnie stosowana podczas całego okresu manewrowania statkiem w akwenach uznanych za trudne pod względem nawigacyjnym. Prędkość manewrowa jest zatem zawsze stosowana podczas zbliżania się statku do stacji pilotowej, podczas kotwiczenia, cumowania, odcumowywania oraz innych operacji manewrowych wykonywanych w porcie, w pobliżu instalacji Offshore, oraz na innych etapach podróży morskiej zgodnie z wytycznymi kapitana i/lub osoby kierującej statkiem, zależnie od zaistniałych warunków i okoliczności. Nastawa prędkości manewrowej stosowana jest również podczas przejścia statku przez akweny płytkie i/lub ścieśnione, akweny o ograniczonej widoczności, akweny o dużym natężeniu ruchu oraz inne akweny uznane za trudne pod względem nawigacyjnym i trwa ona zwykle, aż do momentu ogłoszenia rozpoczęcia podróży morskiej COSP (ang. *Commence of Sea Passage*), zakotwiczenia statku, jego zacumowania, poprawy widoczności lub po zakończeniu pogotowia manewrowego poprzez wyraźne polecenie kapitana (osoby kierującej statkiem).

W praktyce wartość prędkości cała naprzód manewrowa (FAH) dla dużych statków przyjmowana jest w granicach 11-12 węzłów [12]. Pozostałe, mniejsze **prędkości manewrowe** określane są względem prędkości cała naprzód manewrowa (FAH) i przyjmują one zazwyczaj następujące jej wartości:

- **cała naprzód FAH** (ang. *Full Ahead= FAH*), FAH≈ (0.9·SFAH±0.1 SFAH);

- **połowa naprzód HAH**= 0.7·FAH (ang. *Half Ahead = HAH*);
- **wolno naprzód SAH**= 0.5·FAH (ang. *Slow Ahead = SAH*);
- **bardzo wolno naprzód DSAH**= 0.3·FAH (ang. *Dead Slow Ahead = DSAH*);
- **bardzo wolno wstecz DSAS**= -0.1·FAH (ang. *Dead Slow Astern=DSAS*);
- **wolno wstecz SAS**= -0.3·FAH (ang. *Slow Astern= SAS*);
- **połowa wstecz HAS**= -0.5·FAH (ang. *Half Astern= HAS*);
- **cała (pełna) wstecz FAS**=-0.7·FAH (ang. *Full Astern= FAS*).

Wprowadzenie prędkości cała naprzód manewrowa (FAH) konieczne jest zawsze na statkach, dla których prędkość cała naprzód morska (SFAH) przekracza 12 węzłów. Ograniczenie prędkości statku na czas trwania jego manewrów wydatnie zwiększa wówczas bezpieczeństwo jego ruchu. Zmniejszona prędkość wydłuża nam bowiem czas pozostający do podejmowania decyzji manewrowych i ułatwia prowadzenie nawigacji. Powszechnie stosowana prędkość manewrowa ustawiona na połowę mocy naprzód (HAH=0.7·FAH) odpowiada zwykle ograniczonej konstrukcyjnie mocy pełnej prędkości manewru w tył (FAS= -0.7·FAH). Ułatwione jest zatem zatrzymywanie statku oraz płynna redukcja jego szybkości. Analogicznie tworzy się przy tym również awaryjny zapas mocy napędu do ewentualnego zwiększenia lub zmniejszenia pożądanej prędkości statku.

**Tabela 6.** Zestawienie średnich wartości dla prędkości manewrowych stosowanych na statkach handlowych według A. Nowickiego (1999) [12] i badań własnych autora.

| **RODZAJ NAPĘDU** | PRĘDKOŚCI MANEWROWE W WĘZŁACH [kn] | | | |
|---|---|---|---|---|
| | FAH | HAH | SAH | DSAH |
| Silnik Spalinowy | 11.61 | 9.12 | 6.81 | 5.01 |
| Turbina | 11.12 | 8.13 | 5.82 | 3.71 |
| Wartości Średnie Statystyczne | 11÷12 | 8÷9 | 5÷6 | 3÷4 |
| UWAGA: W przypadku motorowców z napędem konwencjonalnym (śruba stała FPP) prędkości manewrowe są nieco większe od zalecanych, co spowodowane jest trudnościami związanymi z 'obrotami krytycznymi' oraz najmniejszymi (stabilnymi) osiągalnymi obrotami silnika [12]. | | | | |

Przy zredukowanych nastawach prędkości (zmniejszonych szybkościach) obserwuje się zwykle zmniejszone średnice cyrkulacji oraz zmniejszone wartości osiadania statku w ruchu. W akwenach płytkich i/lub ścieśnionych zmniejsza się przy tym również ryzyko osiągnięcia przez statek niebezpiecznych wartości jego prędkości krytycznych.

Średnie wartości prędkości manewrowych stosowanych w praktyce przedstawiono w tabeli 6. W tabeli porównano wartości prędkości manewrowych przedstawione przez A. Nowickiego (1999) w pracy [12] i uzyskane na podstawie przeprowadzonych badań statystycznych na morskich statkach handlowych.

## 8. Prędkość najmniejsza i prędkość awaryjna

Oficer wachtowy OOW (ang. *Officer on Watch*), podczas manewrowania statkiem w akwenach trudnych i/lub ograniczonych pod względem nawigacyjnym, przed wyborem odpowiedniej prędkości statku (nastawy silnika na telegrafie maszynowym), musi każdorazowo uwzględnić wszystkie istniejące warunki i okoliczności oraz te elementy i czynniki, które od prędkości statku są uzależnione lub są z nią ściśle powiązane, w tym np. znać charakterystyki manewrowe statku własnego określone dla różnych wartości prędkości początkowej, a w szczególności parametry cyrkulacji, drogę zatrzymywania się statku, wartości prędkości minimalnej (tej stabilnej najmniejszej z możliwych) oraz wartości prędkości awaryjnej (analizowanych w kierunkach naprzód i wstecz).

**Prędkość najmniejsza** oznacza najmniejszą stabilną prędkość statku przy której zachowuje on jeszcze swoją sterowność [12]. Sterowność oznacza przy tym zarówno zdolność utrzymania statku na kursie (czyli stateczność kursową), jak i zdolność do wykonania manewru jego zmiany (czyli zwrotność). W praktyce inne prędkości konieczne są jednak do utrzymania statku na kursie, a inne do jego wytrącenia i ustawienia statku na kursie nowym. Do utrzymania statku na kursie potrzebne są odpowiednio mniejsze prędkości statku i w praktyce one to właśnie warunkują wartość prędkości najmniejszej. A zatem z praktycznego punktu widzenia prędkość najmniejsza nie będzie dotyczyć całej sterowności, a jedynie stateczności kursowej. Jej wartość natomiast w głównej mierze zależeć będzie od rodzaju zastosowanego napędu oraz typu jednostki, a w szczególności kształtu jej kadłuba i oporów ruchu.

Na statkach wyposażonych w parowe maszyny tłokowe[2], na turbinowcach, a także na jednostkach wyposażonych w śruby nastawne CPP (*Controllable Pitch Propeller*) można bez ograniczeń zmniejszać prędkość poprzez zmniejszanie liczby obrotów lub odpowiednio wielkości skoku okrętowej śruby nastawnej. W ten sposób możliwe jest wyznaczenie najmniejszej prędkości, przy której statek jeszcze steruje. W praktyce pozwala to na utrzymanie sterowności statku (jego stateczności kursowej) zwykle już przy jego minimalnej (sterowalnej) prędkości rzędu od 2.0 do 3.0 węzłów.

Na motorowcach możliwości te są ograniczone pewną najmniejszą liczbą obrotów, przy której rozgrzany silnik jeszcze równo pracuje. Poniżej tej granicy układy silnika pracują nierównomiernie i mogą się samoistnie zatrzymać. W praktyce jednostki wyposażone w śruby konwencjonalne o stałym skoku FPP (*Fix Pitch Propeller*) i napęd motorowy przy najniższej możliwej prędkości obrotowej silnika (ustalonej przez jego producenta dla nastawy DSAH) mogą uzyskać prędkości rzędu od 4.0 do 6.0 węzłów. Spotyka się jednak motorowce, których najmniejsze prędkości przekraczają 8 węzłów, a sporadycznie także prędkość 11 węzłów [12]. Prędkości rzędu 4.0 do 6.0 węzłów zapewniają dobrą sterowność statków (jego stateczność kursową i zwrotność).

Warto przy tym również dodać, że wszystkie statki, niezależnie od wielkości i współczynnika pełnotliwości kadłuba, uzyskują zwykle dobrą stateczność kursową przy prędkościach powyżej 3 węzłów i przy pracy napędu głównego naprzód ([12], [19]). Statki duże i pełnotliwe utrzymują jeszcze dostateczną stateczność kursową przy pracy napędu naprzód i prędkościach nie mniejszych od 2.0 węzłów [12], jeżeli osiągnięcie takiej prędkości jest możliwe z uwagi na rodzaj napędu. Statki duże i pełnotliwe z zatrzymanym napędem głównym tracą jednak swoją stateczność kursową już przy prędkościach rzędu od 3.0 do 3.5 węzłów.

[2] Statki wyposażone w parowe maszyny tłokowe należą do rzadkości. Nadal można je jednak spotkać w dorzeczach Afryki, Południowej Ameryki i Azji.

Statki smukłe są natomiast niekiedy w stanie utrzymać dostateczną stateczność kursową przy pracy napędu naprzód jeszcze przy prędkości 1.0 węzła ([12], [19]), jeżeli takie ograniczenie prędkości jest możliwe z uwagi na rodzaj napędu. Wszystkie statki, niezależnie od wielkości i pełnotliwości kadłuba tracą natomiast swoją stateczność kursową przy zatrzymanym napędzie głównym, gdy prędkość zmniejszy się do 1.0 lub do 2.0 węzłów [12]. W praktyce prędkość 1 węzła jest wiec uważana za najmniejszą, przy której w ogóle można jeszcze oczekiwać utrzymania stateczności kursowej statku niezależnie od jego wielkości i współczynnika pełnotliwości kadłuba.

**Prędkości awaryjne** są przeciwieństwem prędkości najmniejszych. Jak sugeruje ich nazwa, są one stosowane jedynie w nagłych awaryjnych przypadkach, gdy statek jest w bezpośrednim niebezpieczeństwie zderzenia z innym obiektem. Odnoszą się one do dwóch skrajnych manewrów: Awaryjna Cała Naprzód EFAH (ang. *Emergency Full Ahead*) oraz Awaryjna Cała Wstecz EFAS (ang. *Emergency Full Astern*).

Stosowanie takich manewrów w praktyce możliwe jest przy wykorzystaniu rezerwy mocy utworzonej poprzez zastosowanie pełnej prędkości manewrowej FAH do przodu lub pełnej prędkości manewrowej FAS do tyłu przy przeciążeniu silnika ponad 100% jego obciążenia nominalnego. Producenci, ustalając bowiem nominalne obciążenie silnika, zakładają tu również pewną rezerwę bezpieczeństwa [12].

Z uwagi na techniczne bezpieczeństwo siłowni manewry awaryjne powinny być możliwie krótkotrwałe, a także stosowane wyłącznie w wypadku rzeczywistego zagrożenia statku. Decyzja o ich stosowaniu wiąże się bowiem zawsze z przysłowiowym wyborem 'mniejszego zła', wyborem między grożącą awarią a uszkodzeniem silnika głównego.

## 9. Prędkość bezpieczna statku i prędkość optymalna

Jednym z podstawowych zadań stawianych kapitanom przy realizacji podróży morskiej jest ustalanie optymalnej prędkości i trajektorii ruchu statku. Prędkość optymalna musi być przy tym również prędkością bezpieczną, adekwatną do istniejących warunków i okoliczności, analizowanych oddzielnie na każdym odcinku drogi i na każdym etapie podróży statku. W różnych fazach żeglugi występują bowiem różne rodzaje niebezpieczeństw nawigacyjnych oraz zakłócenia ruchu, które w efekcie doprowadzić mogą do zagrożenia bezpieczeństwa statku, załogi, pasażerów i ładunku.

W żegludze oceanicznej istotnym problemem jest wybór właściwej prędkości i kursu statku w stosunku do elementów fal oceanicznych. W akwenach ograniczonych może to być dostępna głębokość i szerokość wód żeglownych, aktualny zapas wody pod stępką (UKC), zachodząca relacja pomiędzy prędkością statku a efektem osiadania, aktualny prześwit wody pod mostem lub inną przeszkodą nadwodną (OHC), występowanie i wpływ innych czynników i/lub zakłóceń takich jak wiatr, prądy wodne, falowanie, zlodzenie akwenu itp.

Nawigator szacując optymalną prędkość przejścia statku na danym odcinku drogi (etapie jego podróży), zawsze bierze więc pod uwagę aktualny rozkład przeszkód nawigacyjnych i innych zagrożeń wykrytych w akwenie, dokonując przy tym bieżącej analizy ryzyka nawigacyjnego w aspekcie oceny przygotowanego wcześniej planu przejścia oraz ewentualnej konieczności jego modyfikacji.

Przy ocenie ryzyka nawigacyjnego uwzględnia on wyznaczone wcześniej punkty zwrotu, analizuje akweny potencjalnie niebezpieczne (płytkie, wąskie oraz te o dużym spodziewanym natężeniu ruchu i/lub ograniczonej widoczności), wyznacza akweny żeglowne, w tym tory wodne i trasy z odpowiednią głębokością wód nawigacyjnych (analizowanych w stosunku do aktualnego zanurzenia statku z uwzględnieniem odpowiedniej rezerwy głębokości na wymagany zapas wody pod stępką $UKC_R$) i/lub adekwatnym prześwitem wody pod mostem lub inną przeszkodą nawigacyjną zlokalizowaną na planowanej trasie przejścia statku (analizowanych w stosunku do wysokości statku powyżej wodnicy pływania, czyli jego tzw. zanurzenia w powietrzu z uwzględnieniem gabarytów przewożonego ładunku oraz dodatkową wymaganą rezerwą wysokości $OHC_R$).

Na podstawie analizy czynników przewidywalnych (zakłóceń w ruchu, które podczas normalnej eksploatacji osoba kierująca statkiem może określić na burcie statku) ustala on początkowe wartości prędkości dla poszczególnych odcinków drogi (etapów jego podróży). Jednakże planowana prędkość przejścia na każdym odcinku drogi musi być prędkością bezpieczną, a zatem powinna uwzględniać zarówno sytuacje awaryjne, jak i wszystkie te czynniki, których w danym momencie nie można jednoznacznie określić. Prędkość ta musi zatem zawierać pewien margines bezpieczeństwa zwany rezerwą prędkości dla nieprzewidywalnych sytuacji nawigacyjnych (w tym sytuacji awaryjnych i/lub spowodowanych błędnym określeniem niektórych czynników lub ich nieuwzględnieniem).

Pojęcie **prędkości optymalnej** funkcjonuje w praktyce morskiej do określenia najwłaściwszej prędkości statku w danej sytuacji. Jej wartość ustalana jest na podstawie zasad tzw. dobrej praktyki morskiej, a zatem zależy od doświadczenia osoby kierującej statkiem. To natomiast, jak wiemy z wcześniejszych rozważań, może być czasami bardzo zawodne. A zatem prędkość tak ustalona w rzeczywistości nie powinna być określana mianem prędkości optymalnej, bo skoro jako taka nigdzie jak dotąd nie została jednoznacznie określona, nie możemy mieć stuprocentowej pewności, że właśnie z taką prędkością płyniemy. W naszych dalszych rozważaniach, nie popełnimy jednak dużego błędu przyjmując ją jako prędkość zbliżoną do optymalnej, lub **prędkość ustaloną przez eksperta** i **przez niego zalecaną**. Takim ekspertem będzie tu niewątpliwie kapitan statku oraz służby armatorskie i doradcze, w tym np. pilot, operator systemu VTS, główny nawigator armatora itp.

**Optymalna prędkość eksploatacyjna** określa najbardziej odpowiednią prędkość statku w danej sytuacji nawigacyjnej, związaną z kontrolowaniem jego ruchu, biorąc pod uwagę różne aspekty nawigacyjne (w tym ETA, rodzaj i ograniczenia wód nawigacyjnych), aspekty hydrometeorologiczne (w tym wpływ wiatru, prądu i fal) oraz wpływ innych czynników (wewnętrznych i zewnętrznych) mających wpływ na parametry ruchu własnego statku (np. wpływ dryfującego logu lub innych obiektów i ich pędników na kurs i prędkość własnego statku).

Jej wybór dokonywany jest w zależności od przyjętego wariantu przejścia. Statek może bowiem poruszać się z **prędkością optymalną ze względu na czas realizacji podróży** lub z **prędkością optymalną ze względu na ekonomiczne zużycie paliwa i zapasów**.

Przy realizacji podróży z priorytetem czasowym prędkość ustala się w stosunku do pożądanego czasu jej zakończenia (przybycia do portu przeznaczenia). Jej wartość można zatem wyrazić wzorem:

$$V_{o\,ETA} = \frac{D_o}{T_o} \quad [kn] \quad (32)$$

Gdzie:

$V_{o\,ETA}$= optymalna prędkość statku szacowana z uwzględnieniem pożądanego czasu przybycia do kolejnego punktu podróży (ang. *Ship's optimal speed due to expected ETA*= $V_{o\,ETA}$). W transporcie morskim wielkość ta mierzona jest zwykle względem dna akwenu ($V_{o\,ETA}$=$SOG_{o\,ETA}$) i jest wyrażana w węzłach prędkości, [kn];

$D_o$= odległość wyrażona w milach morskich liczona od bieżącej pozycji statku do kolejnego punktu przeznaczenia np. stacji pilotowej w kolejnym porcie przeznaczenia (z ang. *distance remaining from the present ship's position to the next point of destination*), [NM];

$T_o$= pożądany czas podróży związany z planowanym przybyciem do punktu przeznaczenia (ang. *Desired travel time associated with ETA*). W transporcie morskim wielkość ta wyrażana jest w dniach i/lub godzinach planowanej podróży morskiej, [h]= [godz.];

Jeżeli założona rezerwa czasowa ($T_o$) okaże się wystarczająco duża, statek będzie mógł podążać z prędkością ekonomiczną (*Ve*). Jeśli jednak okaże się, że rezerwa czasowa jest zbyt mała, kapitan poleci zwykle utrzymywanie prędkości nieco wyższej, a w skrajnych przypadkach nawet prędkości morskiej cała naprzód (SFAH ≈ $V_{max}$), chyba, że warunki czarteru nakażą mu inaczej, i dopiero na jej podstawie zliczy on przybliżony czas potrzebny na dojście do kolejnego portu przeznaczania (*ETA – Estimated Time of Arrival*):

$$ETA = T_0 = \frac{D_0}{V_{max}} \quad [godz.] \quad (33)$$

Gdzie:

ETA = z ang. *Estimated Time of Arrival*, przybliżony czas przybycia do kolejnego punktu przeznaczenia (punktu docelowego), w transporcie morskim wyrażana zwykle jako ilość szacowanych dni i godzin dla danej podróży statku, [godz.];

$D_o$= odległość wyrażona w milach morskich liczona od bieżącej pozycji statku do kolejnego punktu przeznaczenia np. stacji pilotowej w kolejnym porcie przeznaczenia (z ang. *distance remaining from the present ship's position to the next point of destination*), [NM];

$V_{max}$= maksymalna prędkość operacyjna statku cała naprzód morska (ang. *Maximum Operational Sea Speed Full Ahead=SFAH≈ $V_{max}$*). W praktyce jest ona zwykle nieco mniejsza od maksymalnej Prędkości Awaryjnej Cała Naprzód Morska (ang. *Emergency Sea Speed Full Ahead= EFAH> $V_{max}$*). Wielkość pisana małą literą wyrażona jest zwykle w metrach na sekundę ($v_{max}$=[m/s]), pisana zaś dużą literą wyrażana jest w węzłach ($V_{max}$=[kn]).

Obliczony w ten sposób czas (ETA) musi być jest jednak na bieżąco uaktualniany podczas trwania całej podróży. Przyjęta do obliczeń prędkość $V_{\mathrm{max}}$ zazwyczaj jest bowiem różna od jej średniej wartości rzeczywistej $V_{av}$ (ang. *Actual Average Speed*). Spowodowane jest to zmiennym oporem ruchu, w tym między innymi oddziaływaniem takich czynników zewnętrznych jak prąd, wiatr i falowanie.

Podczas żeglugi oceanicznej wybór optymalnej prędkości maksymalnej (ustalonej zazwyczaj w warunkach czarteru) jest jednoznaczny z nastawą silnika na prędkość czarterową lub prędkość cała naprzód morska (SFAH). Nie oznacza to jednak maksymalnej prędkości z jaką statek może tam się poruszać. Prędkością taką byłaby wspomniana już prędkość awaryjna naprzód (EFAH). Utrzymywanie jednak awaryjnych prędkości statku naprzód (EFAH) lub wstecz (EFAS) z uwagi na krytyczne obciążenie silnika możliwe jest tylko w sytuacjach awaryjnych i to przez bardzo krótki okres czasu (maksymalnie około jednej godziny i nie częściej jak raz na dobę).

Prędkość morska cała naprzód (SFAH) w rzeczywistości jest bowiem jedynie średnią prędkością obserwowaną przy normalnych (korzystnych) warunkach zewnętrznych (tzn. przy sile wiatru poniżej czterech stopni Beauforta = 4°B i stanie morza poniżej trzech stopni (3°) według skali Światowej Organizacji Meteorologicznej WMO (z ang. *World Meteorological Organization*), wysokość fali ≈ 0.5 m do 1.25 m) oraz obciążeniu silnika ustalonym przez armatora na poziomie około 85% (rzadziej 90%) jego nominalnej mocy i/lub jego nominalnej prędkości obrotowej (RPM).

W akwenie ograniczonym, wybór prędkości maksymalnej z jaką statek może się tam poruszać, powstaje w wyniku analizy porównawczej pomiędzy wartością prędkości osiągalnej (rzadziej granicznej), a wartością prędkości dopuszczalnej ustalonej przez lokalne administracje morskie dla danego rejonu żeglugi (patrz tabela 5). Mając na względzie obowiązek poruszania się statku z prędkością bezpieczną (przepisy COLREG), prędkością optymalną (właściwą) powinna być w tym wypadku zawsze prędkość mniejsza (najniższa z wyżej wymienionych).

Podobny wybór dokonuje się również przy ustalaniu optymalnej prędkości przejścia statków w konwoju (np. za lodołamaczem). W tej sytuacji właściwą (bezpieczną) prędkością statku będzie najmniejsza prędkość spośród zbioru zawierającego wartości prędkości dopuszczalnych (ustalonych przez lokalne administracje morskie), oraz wartości prędkości bezpiecznych skalkulowane dla poszczególnych statków w konwoju. Wytypowana w ten sposób prędkość musi zapewniać wszystkim statkom w konwoju zachowanie odpowiednich zdolności manewrowych (sterowności), w tym zwrotności i stateczności kursowej, a jednocześnie uwzględniać pewien margines bezpieczeństwa na wypadek zaistnienia sytuacji awaryjnej nieprzewidywalnej (np. manewru tzw. 'ostatniej chwili' lub awaryjnego zatrzymywania się metodą '*Crash Stop*'). A zatem konwój powinien zawsze przemieszczać się z prędkością bezpieczną wytypowaną dla jednostki najwolniejszej.

Wybór prędkości statku ze względu na najmniejsze zużycie paliwa (sporadycznie także prowiantu i zapasów), oznacza wybór wspomnianej już prędkości ekonomicznej, czyli prędkości gwarantującej minimalne zużycie paliwa, a sporadycznie także (np. dla statku pasażerskiego) minimalne zużycie prowiantu i zapasów. Wartości prędkości ekonomicznych określa się dla każdego statku oddzielnie na podstawie analizy aktualnego zużycia paliwa i stawki kosztów za tonę przewożonego ładunku dziennie lub, okazjonalnie, również kosztów transportu pasażera za każdy dzień podróży, co zazwyczaj dotyczy statków pasażerskich. W ten sposób zawsze bierze się pod uwagę aktualne zużycie paliwa, zapasów, silnika i mechanizmów napędowych. Utrzymywanie prędkości ekonomicznej realizowane jest niemal zawsze, gdy statek dysponuje odpowiednią rezerwę czasową.

Niezależnie od przyjętego wariantu podróży, zgodnie z przepisami COLREG oraz zasadami dobrej praktyki morskiej, statek powinien poruszać się zawsze z prędkością bezpieczną. Przepisy te nie precyzując jednak, jaką konkretną wartość prędkości statku (wyrażonej w węzłach szybkości), będzie można uznać za wartość prędkości bezpiecznej, a jaka jej wartość uznawana będzie za jej wartość niebezpieczną. W rzeczywistości problem określenia optymalnej prędkości statku nadal pozostaje więc w rękach nawigatora (osoby prowadzącej statek) i jego percepcji we właściwym rozumieniu zasad tzw. dobrej praktyki morskiej.

Według M. Jurdzińskiego (1999) [8], w praktyce optymalna bezpieczna prędkość ekonomiczna statku związana jest zwykle z prędkością krytyczną i osiąga ona następujące wartości:

$$v_{eOp} = k'' \cdot v_{cr} = k'' \cdot \sqrt{g \cdot h} \qquad [m/s] \quad (34)$$

Gdzie:

$v_{eOp}$= optymalna bezpieczna prędkość ekonomiczna statku wyrażona w metrach na sekundę [m/s];

$v_{cr}$= prędkość krytyczna statku wyrażona w metrach na sekundę, [m/s],

$k''$= bezwymiarowy współczynnik liczbowy zależny od typu statku i warunków zewnętrznych, opracowany przez M. Jurdzińskiego: $k'' \in [0.5, 0.6]$

**Tabela 7.** Optymalne bezpieczne prędkości ekonomiczne statku ($v_{eOp}$) oszacowane jako funkcja głębokości akwenu ($h$) oraz prędkości krytycznej statku ($v_{cr}$) oszacowane przez autora według metody M. Jurdzińskiego (1999) [8] dla współczynnika k''=0.55.

| Głębokość akwenu *h* [m] | Prędkość krytyczna $v_{cr}$ | | Optymalna bezpieczna prędkość ekonomiczna ($v_{eOp}$) oszacowana dla k''=0.55 | |
|---|---|---|---|---|
| | [m/s] | [kn] | [m/s] | [kn] |
| 5 | 7.0 | 13.6 | 3.9 | 7.5 |
| 10 | 9,9 | 19.3 | 5.4 | 10.6 |
| 15 | 12,1 | 23.6 | 6.7 | 13.0 |
| 20 | 14,0 | 27.2 | 7.7 | 15.0 |
| 25 | 15,7 | 30.4 | 8.6 | 16.7 |

Warto jednak zauważyć, że powyższy wzór nie uwzględnia parametrów statku i jego właściwości manewrowych. Praktyka nakazuje przy tym, aby wybór właściwej prędkości statku na wodach ograniczonych, był swego rodzaju kompromisem pomiędzy opisaną już wcześniej prędkością optymalną (ze względu na czas lub zużycie paliwa i zapasów), a prędkością bezpieczną ustaloną dla istniejących warunków i aktualnej sytuacji nawigacyjnej w akwenie. Prędkością optymalną (tą właściwą), będzie zatem prędkość umożliwiająca realizację podróży w odpowiednim czasie (wywiązanie się z kontraktu), a jednocześnie stale gwarantująca zachowanie odpowiedniego marginesu bezpieczeństwa (tzw. rezerwy prędkości) na wypadek zaistnienia sytuacji nieprzewidywalnych, awaryjnych oraz tych wynikających z rozmieszczenia (usytuowania) przeszkód nawigacyjnych wokół statku. W efekcie tego, ustalenie prędkości optymalnej zawsze sprowadzać się będzie do analizy porównawczej poszczególnych składników prędkości bezpiecznej: $V_x, V_y, V_z$ ustalonych w oparciu o zarys trójwymiarowej domeny statku.

## 10. Prędkość optymalna szacowana w oparciu o zarys trójwymiarowego modelu domeny statku

W różnych fazach żeglugi występują inne rodzaje zakłóceń w ruchu, które mogą prowadzić do zagrożeń lub awarii statku. Na akwenach ograniczonych (płytkich i/lub ścieśnionych), głównym problemem jest określenie strefy bezpiecznej (obszaru) wokół statku, a jeszcze lepiej trójwymiarowej przestrzeni (bryły), która stanowiłaby obszar jego wyłączności. W terminologii morskiej (np. [6], [13], [14], [19], [29]) opisana powyżej przestrzeń wyłączności, wyrażająca swoisty margines bezpieczeństwa dla statku (lub innego obiektu na morzu) nosi nazwę domeny.

W rozumieniu niniejszej pracy **domena statku** określać więc będzie pewien obszar (domena dwuwymiarowa 2D) lub pewną część przestrzeni (domena trójwymiarowa 3D) wokół rozpatrywanego przedmiotu lub obiektu (rys.7), która w sposób obrazowy pozwoli ocenić nam bezpieczeństwo nawigacyjne statku oraz umożliwi określenie jego ryzyka nawigacyjnego. Oznacza to, że pojawienie się dowolnej przeszkody nawigacyjnej (intruza) wewnątrz domeny statku (obszaru jego tzw. 'wyłączności'), gwałtownie zwiększy ryzyko prowadzenia nawigacji (sterowania ruchem statku) i może w efekcie prowadzić do nieuchronnej kolizji. A zatem tak długo można będzie uznać nasz statek za bezpieczny, jak długo pozostanie on jedynym obiektem ruchomym lub stałym w obrębie tej przestrzeni.

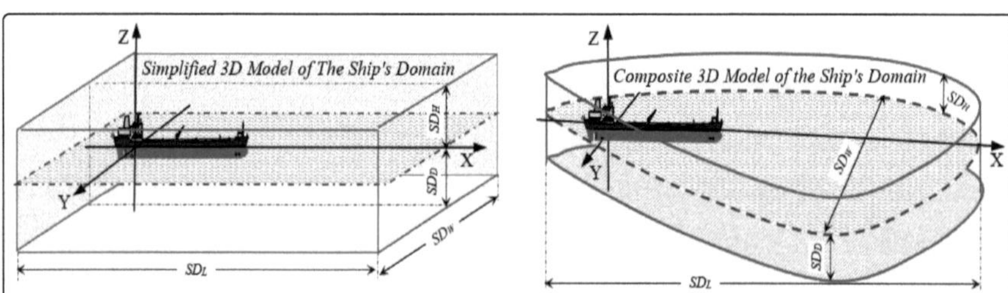


**Rys. 7**. Uproszczony i złożony trójwymiarowy (3D) model domeny statku z jej długością ($SD_L$), szerokością ($SD_W$), głębokością ($SD_D$) i wysokością ($SD_H$). Model oparty na własnych badaniach naukowych autora (2000) [19].

W dalszej części pracy skupimy się jedynie na badaniach własnych autora ([14] do [21]) i jego uproszczonym modelu domeny statku opisanym w trójwymiarowym układzie przestrzennym (XYZ). Patrz Rys.7. Ten autorski przestrzenny model domeny 3D wykorzystany zostanie do oceny bezpieczeństwa nawigacyjnego statków manewrujących w akwenach ograniczonych oraz oceny ich tzw. wskaźników ryzyka nawigacyjnego, wykorzystując przy tym pewne nowatorskie rozwiązania oraz metody oceny ryzyka zaproponowane przez autora wcześniej i opisane np. w pracy (2000) [19].

W tym wypadku wybór optymalnej bezpiecznej prędkości statku $V_{XYZ}$ dokonany zostanie w zależności od lokalizacji potencjalnych zagrożeń w odniesieniu do każdej z trzech jego osi zorientowania (XYZ), gdzie:

$V_X$= prędkość bezpieczna statku określona wzdłuż osi OX dla pożądanej długości jego domeny wyrażona w metrach na sekundę [m/s] lub węzłach [kn]. Wartość bezpiecznej prędkości statku $V_X$ szacowana będzie z uwzględnieniem wzdłużnego błędu pozycji obserwowanej statku oraz drogi hamowania (zatrzymywania) statku w odpowiednim czasie, aby uniknąć kolizji, biorąc pod uwagę potrzebę zachowania przynajmniej minimalnych własności manewrowych statku, a w szczególności jego zwrotności, czyli zdolności statku do zmiany kierunku jego ruchu. Prędkość $V_X$ powiązana jest z parametrem długości domeny statku ($SD_L$);

$V_Y$= prędkość bezpieczna statku określona wzdłuż osi OY dla pożądanej szerokości jego domeny wyrażona w metrach na sekundę [m/s] lub węzłach [kn]. Wartość bezpiecznej prędkości statku $V_Y$ szacowana będzie z uwzględnieniem poprzecznego błędu pozycji obserwowanej statku, błędów myszkowania, zakłóceń zewnętrznych od wiatru, prądu i fali i/lub innych czynników powodujących spychanie statku z wyznaczonej osi toru wodnego, biorąc przy tym również pod uwagę potrzebę zachowania minimalnych własności manewrowych statku, a w szczególności jego stateczności kursowej (rozumianej tu jako zdolność statku do utrzymywania się na zadanym kursie) oraz dodatkowy margines bezpieczeństwa na wypadek wystąpienia potencjalnej sytuacji awaryjnej. Prędkość $V_Y$ powiązana jest z parametrem szerokości domeny statku ($SD_W$);

$V_Z$= prędkość bezpieczna statku określona wzdłuż osi *OZ* dla pożądanej wysokości ($SD_H$) i głębokości ($SD_D$) jego domeny, wyrażona w metrach na sekundę [m/s] lub węzłach [kn]. Wartość bezpiecznej prędkości statku $V_Z$ szacowana jest z uwzględnieniem wymaganego zapasu wody pod stępką statku (składowa prędkości $V_{ZD}$) oraz wymaganego prześwitu powietrza pod mostem lub inną przeszkodą nadwodną (składowa prędkości $V_{ZH}$) uwzględniając przy tym maksymalne wartości osiadania statku w ruchu, maksymalne wartości jego zanurzenia, $UKC_R$ oraz $OHC_R$ z uwzględnieniem maksymalnych gabarytów układu (bryły): kadłub statku + ładunek (przewożony na pokładzie i/lub holowany za lub przy burcie statku). Prędkość $V_{ZD}$ powiązana jest z parametrem głębokości domeny statku ($SD_D$), natomiast prędkość $V_{ZH}$ powiązana jest z parametrem wysokości domeny statku ($SD_H$).

Z praktycznego punktu widzenia, określenie wartości prędkości optymalnej statku $V_{XYZ}$, sprowadza się zwykle do zredukowania prędkości statku do najmniejszej z dopuszczalnych prędkości ($V_X, V_Y, V_Z$).

W akwenach ścieśnionych oraz tych o dużym natężeniu ruchu, z przeszkodami nawigacyjnymi rozlokowanymi wokół statku, prędkości $V_x$ i $V_y$ szacowane będą w zależności od lokalizacji wykrytych przeszkód nawigacyjnych w akwenie (ich względnej odległości i linii namiaru), a w szczególności obiektów wykrytych w sektorze przed dziobem statku ($V_{XF}$), za jego rufą ($V_{XA}$), po jego lewej ($V_{YP}$) oraz prawej ($V_{YS}$) burcie statku.

W akwenach płytkich oraz tych z rozlokowanymi przeszkodami nadwodnymi (np. podczas przejścia statku pod mostem) prędkość $V_Z$ szacowana będzie z uwzględnieniem wymaganej statycznej nawigacyjnych rezerwy głębokości oraz statycznej nawigacyjnych rezerwy wysokości, efektu dynamicznego osiadania statku w ruchu oraz dodatkowej rezerwy na dynamiczny wpływ prądu, wiatru i fali.

W kolejnej części pracy skupimy się na określeniu optymalnej bezpiecznej prędkości statku szacowanej w oparciu o znane parametry domeny statku (*SD*) oraz ocenę ryzyka nawigacyjnego statku ($R_N$) manewrującego w akwenie ograniczonym. Postaramy się również określić wartości graniczne bezpiecznych (optymalnych) prędkości statku $V_{XYZ}$ w ramach opisanego wcześniej układy XYZ, w szczególności prędkości $V_{ZD}$, $V_{ZH}$, $V_{XF}$, $V_{YP}$ i $V_{YS}$ oszacowane dla akwenów ograniczonych (płytkich i wąskich) oraz tych trudnych pod względem nawigacyjnym np. z uwagi na duże natężenie ruchu.

## 10.1. Szacowanie optymalnej bezpiecznej prędkości statku $V_Z$ w oparciu o analizę parametrów domeny: głębokości $SD_D$ i wysokości $SD_H$

Wybór bezpiecznej prędkości statku $V_Z$ zostanie dokonany w oparciu *o* analizę parametrów pionowej rezerwy nawigacyjnej statku oszacowanych w płaszczyźnie OZ przestrzennego modelu domeny 3D, a w szczególności poprzez analizę głębokości domeny statku $SD_D$ oraz analizę wysokości domeny statku $SD_H$. W tym celu wykorzystany zostanie autorski model uproszczony dla domeny 3D opisany w [19].

Określenie parametru **głębokości domeny statku** ($SD_D$) w praktyce sprowadza się do oszacowania parametru bezpiecznej głębokości (*SD*) (ang. *Safety Depth*) wymaganego do wprowadzenia w ustawieniach systemu ECDIS każdorazowo przed rozpoczęciem podróży morskiej [18].

**Głębokość bezpieczna SD** *(Safety Depth):* jest to wartość głębokości określona przez nawigatora w celu wyróżnienia przez ECDIS wszystkich pojedynczych głębokości równych i mniejszych od zdeklarowanej głębokości bezpiecznej. Parametr ten służy do wykrywania głębokości akwenu, które stanowią zagrożenie dla nawigacji statku (jego ruchu). Głębokości równe lub mniejsze od głębokości bezpiecznej podświetlane będą na monitorze map elektronicznych systemu ECDIS jako pogrubione czcionki (czasami w zmienionej kolorystyce) opisujące wartości poszczególnych pojedynczych sondowań akwenu, czyli źródłowych danych batymetrycznych.

W praktyce informuje to użytkownika systemu ECDIS o głębokościach, które są niewystarczające do bezpiecznego przepłynięcia statku. W tym celu wymagane jednak będzie odpowiednie ustawieniu systemowych warstw informacji pożądanych do zobrazowania na ekranie ECDIS, a w szczególności informacji opisujących potencjalne zagrożenia i/lub odosobnione niebezpieczeństwa.

Warto przy tym jednak pamiętać, iż zgodnie z przyjętymi standardami IMO dotyczącymi ECDIS [18], parametr głębokości bezpiecznej statku SD (*Safety Depth*) nie musi wywoływać żadnych alarmów w ECDIS lub w sposób wyraźny ostrzegać użytkowników przed zbliżającym się niebezpieczeństwem. Alarmy i ostrzeżenia systemowe ECDIS mogą być aktywowane dopiero wówczas, gdy do systemu wprowadzona zostanie wartość kolejnego parametru bezpieczeństwa, którym jest kontur izobaty bezpieczeństwa statku *SC* (*Safety Contour*). W praktyce głębokość bezpieczną *SD* (*Safety Depth*) = głębokości domeny $SD_D$ (*Domain Depth*) powinno się zawsze ustawiać jako wartość inną niż izobata bezpieczeństwa SC (*Safety Contour*), chociaż można też spotkać takie systemy ECDIS, w których dla ułatwienia ustawień bezpieczeństwa statku dopuszcza się tylko jedno (unikalne) ustawienie systemu dla zadanej wartości głębokości bezpiecznej SD. W takich przypadkach głębokość bezpieczna SD definiowana będzie jednak zawsze jako parametr tożsamy z konturem izobaty bezpieczeństwa SC → (SD = SC).

W praktyce wartość głębokości bezpiecznej określa się zwykle jako sumę wartości maksymalnego (statycznego) zanurzenia statku ($T_{max}$), wartości wymaganego statycznego zapasu wody pod stępką ($R_{UKC}=UKC_R$), wartości spodziewanego osiadania statku w ruchu ($R_{squat}=Squat$) oraz wartości wymaganej dynamicznej rezerwy głębokości ($R_d$), zależnej głównie od parametrów falowania akwenu. Tak oszacowaną wartość można wówczas pomniejszyć o wartość ewentualnych pływów ($HW_{tide}$), o ile takowe spodziewane są w danym akwenie. Dodatkowo, przy szacowaniu wartości głębokości bezpiecznej statku oficer wachtowy każdorazowo powinien też sprawdzić, czy w danym akwenie żeglownym wymagana jest jakakolwiek inna dodatkowa rezerwa głębokości wywołana wpływem innych czynników, w tym np. zmianą gęstości wody, jej zasolenia lub np. wpływem innych narzuconych standardów, czynników lokalnych lub np. wytycznych wprowadzonych przez lokalne administracje morskie. Jeżeli takowa sytuacja nastąpi, to wówczas dla celów bezpieczeństwa użytkownik systemu ECDIS jako wartość głębokości bezpiecznej powinien zawsze wybrać wartość największą z pośród wszystkich analizowanych i sumowanych wcześniej czynników.

**Kontur izobaty bezpieczeństwa SC** (*Safety Contour*): Jest to izobata wybrana przez nawigatora z pośród izobat dostępnych w systemowej bazie danych SENC w celu wyróżnienia w ECDIS akwenów niebezpiecznych, alarmowania o zbliżaniu się statku do izobaty bezpieczeństwa oraz ostrzegania użytkownika systemu o przekroczeniu izobaty bezpieczeństwa przez planowaną trasę statku.

Jeżeli użytkownik nie wybierze jednak izobaty bezpieczeństwa statku to wówczas system (w zależności od typu i modelu systemu ECDIS) wybiera zwykle [18] w sposób automatyczny izobatę 30 m lub 50 m jako parametry wyjściowe SC. W praktyce wartość konturu izobaty bezpieczeństwa SC oblicza się zwykle jako sumę wartości głębokości bezpiecznej SD oraz wartości możliwych błędów pomiarów głębokości akwenu, czyli *de facto* wiarygodności danym batymetrycznych dostępnych w bazie ENC dla poszczególnych kategorii stref zaufania CATZOC: (SC= SD + CATZOC).

Ustawienia parametrów głębokości bezpiecznej $SD=SD_D$ oraz izobaty bezpieczeństwa SC są dynamiczne i nie są ustalone dla całej zaplanowanej trasy przejścia. Nawigator jest więc zobowiązany systematycznie monitorować i kontrolować wprowadzone parametry bezpieczeństwa statku na każdym etapie jego podróży, zgodnie z przyjętymi standardami bezpieczeństwa, wytycznymi armatora, wytycznymi lokalnych administracji morskich oraz tzw. dobrą praktyką morską uwzględniając przy tym, dla każdego odcinka drogi (etapu podróży) takie czynniki, jak: zapas wody pod stępką (ten aktualny *UKC* i wymagany $UKC_R$), spodziewane osiadanie statku w ruchu, planowaną prędkość przejścia, dostępną głębokość i szerokość akwenu żeglownego, panujące warunki zewnętrzne, pływy, prądy, wiatr, falowanie, zasolenie wody, typ dna itp.

**Zapas wody pod stępką UKC** (ang. *Under Keel Clearance*) oznacza przy tym minimalny prześwit wody szacowany pomiędzy najgłębszym punktem statku ($T_{max}$) a najpłytszym punktem dna akwenu ($h_{min}$) analizowanych na trasie przejścia statku przy spokojnej wodzie stojącej.

**Efekt osiadania** statku w ruchu $R_{squat}$ (ang. *Squat*) występuje przez cały czas, każdorazowo, gdy statek przemieszcza się po wodzie lub jest zacumowany wzdłuż nabrzeża lub stoi na kotwicy, a strumieniem wody opływającej jego kadłub wywołuje zmianę w wartościach jego zanurzenia (osiadanie) oraz zmianę jego trymu. Efekty te, zgodnie z prawem Bernoulliego oraz prawem ciągłości strumienia, są szczególnie widoczne podczas ruchu statku przez akweny płytkie i ścieśnione i mają one istotny wpływ na bezpieczeństwo statku i wybór jego optymalnej prędkości eksploatacyjnej.

Efekt osiadania powstaje, gdy wskutek pojawiającej się fali okrętowej zmniejsza się wyporność szczątkowa oraz ciśnienie hydrostatyczne na poszczególnych odcinkach kadłuba, w efekcie czego statek, aby utrzymać swój ciężar, wpychany jest głębiej do wody zmieniając swój trym i zmniejszając oszacowany wcześniej zapas wody pod stępką UKC. W praktyce, parametr osiadania statku w ruchu (*squat*) uwzględniany jest zwykle jako dodatkowy czynnik dynamiczny zwiększający wartości zanurzeń statycznych statku (mierzonych na dziobie i rufie) i jest on uzależniony przede wszystkim od następujących czynników: prędkości statku, współczynnika pełnotliwości jego kadłuba, szerokości statku i jego zanurzenia analizowanych względem szerokości i głębokości akwenu, kształtu kanału oraz dostępnego w akenie zapasu wody pod stępką. Statki pełnotliwe (np. masowce czy zbiornikowce) w wyniku osiadania zwiększają swoje zanurzenie mając przy tym tendencję do przegłębiania się statku na dziób. W wyniku badań (np. [12], [19], [30]) ustalono również, że osiadanie statku jest szczególnie widoczne w akwenach płytkich i ścieśnionych, gdzie szerokość kanału jest mniejsza niż wielokrotność 8.25 szerokości statku B, a statyczny zapas wody pod stępką statku UKC jest mniejszy niż 20% jego zanurzenia.

Najlepszym sposobem na zmniejszenie wartości osiadania statku w ruchu, czyli dynamicznej składowej jego zanurzenia, jest zredukowanie prędkości statku. Działanie to jest zatem bardzo istotnym czynnikiem uwzględnianym każdorazowo przy planowaniu podróży morskiej oraz szacowaniu odpowiedniej bezpiecznej prędkości przejścia statku przez akweny płytkie i ścieśnione. Przy czym zdaniem autora, do szacowania wartości osiadania statku w ruchu (*squat*) powinny być raczej uwzględniane parametry wektora prędkości przemieszczania się statku po wodzie $V_w$= (*STW, CTW*), a nie parametry wektora prędkości statku nad dnem $V_d$= (*SOG, COG*).

Prądy wodne (rozumiane tu jako suma prądów pływowych, oceanicznych i rzecznych (ang. *water flow= tide stream + current*), przy szacowaniu osiadania statku, powinny być brane pod uwagę jedynie wówczas, gdy statek będzie zakotwiczony, lub zacumowany do nabrzeża. Ponieważ głównym czynnikiem przy obliczaniu wartości osiadania statku w ruchu jest jego prędkość mierzona względem wody ($V_w$=*STW*), prądy wodne, nie będą miały istotnego wpływały na końcową wartość osiadania statku, który realizując podróż morską jest w ciągłym ruchu. Warto tu jednak podkreślić, że wszelkie obliczenia wykonane w celu oszacowania wartości osiadania statku, mają zazwyczaj charakter przybliżony i ich wyniki powinny być traktowane jedynie, jako dane orientacyjne, zachowując potencjalny błąd po bezpiecznej stronie.

Ustalenie parametru **wysokości domeny statku** ($SD_H$) w praktyce sprowadza się do określenia wartości nadwodnej wysokości statku, czyli jego zanurzenia w powietrzu (ang. *Air Draft= ADT*) liczonego od wodnicy pływania do najwyżej położonego punktu kadłuba z uwzględnieniem gabarytów przewożonego ładunku, poprawki na przegłębienie statku (ΔAd), uwzględniając korektę rezerwy wysokości na zmianę zanurzenia statku wywołaną jego przechyłem bocznym (±θ) lub wzdłużnym (±ψ) oraz dodatkową rezerwą wysokości ($OHC_R$) zależną od istniejących warunków i okoliczności.

**Wymagana rezerwa wysokości $\mathbf{OHC_R}$** (ang. *Over Head Clearance Required*) oznacza minimalną wartość wymaganej nawigacyjnej rezerwy wysokości wyrażonej w metrach, analizowanej podczas przejścia statku pod mostem lub inną przeszkodą nawigacyjną zawieszoną na trasie przejścia statku. Parametr ten dotyczy wymaganego prześwitu powietrza nad 'głową' statku, czyli w praktyce wyraża minimalną odległością wymaganą pomiędzy najwyżej położonym punktem kadłuba statku (włączając w to ładunek przewożony i/lub holowany ze statkiem), a najniżej położonym punktem przeszkody nawigacyjnej zawieszonej na trasie przejścia statku.

W rzeczywistości, pionowa wymagana rezerwa wysokości $OHC_R$ może być jednak nieco zmniejszona przez wpływ efektu osiadania statku. Statek osiadając zmniejsza bowiem *UKC* i zwiększa aktualny *OHC*. Osiadanie wywołuje bowiem efekt równomiernego wzrostu zanurzenia statku (wywołanego całkowitym równoległym zagłębieniem się statku z opadającym kadłubem na fali) oraz zmianę jego przegłębienia (trymu).

W rzeczywistości bowiem przepływ strumienia wody wokół kadłuba przebiega według różnych wzorów dla różnych typów statków i różnych kształtów jego kadłuba (części dziobowej i rufowej). Kadłub rufowy jest zawsze ukształtowany tak, aby dawał stabilny dopływ strumienia wody do śruby napędowej, natomiast kadłub dziobowy jest przeznaczony do innych celów. Różnice w przepływie strumienia wody mają więc wpływ na generowane ciśnienie w kadłubie i jego pływalność. Wahania pływalności kadłuba na odcinku dziobowym i rufowym prowadzi więc do przegłębiania statku. Ogólnie rzecz biorąc, obowiązują tu następujące zasady:

- Statki ze współczynnikiem pełnotliwości kadłuba $C_B$> 0.7 wykazują tendencję do przegłębiania się na dziób;
- Statki ze współczynnikiem pełnotliwości kadłuba $C_B$= 0.7 nie wykazują żadnych tendencji do przegłębiania się na dziób lub rufę;
- Statki ze współczynnikiem pełnotliwości kadłuba $C_B$< 0.7 wykazują tendencję do przegłębiania się na rufę;

Dla statków ze współczynnikiem pełnotliwości kadłuba $C_B > 0.7$ wykazano ([12], [30]) następujące zależności: 75% efektu osiadania odpowiada za równomierny wzrost zanurzenia statku (jego składowej dynamicznej $R_{squat}=Squat$), a 25% efektu osiadania wywołuje natomiast zmianę przegłębienia statku na jego dziób.

Podczas żeglugi w akwenach ograniczonych, na wodach płytkich i ścieśnionych, inne warunki, które powinny być brane pod uwagę (oprócz osiadania), obejmują:

Wystąpienie przechyłów bocznych statku, podczas wykonywania dużych zwrotów (przy zmianie kursu i/lub po wejściu statku w cyrkulacje) spowodować może znaczny wzrost zanurzenia statku i pośrednio przyczynić się do zmniejszenia wymaganej nawigacyjnej rezerwy głębokości i wysokości (*UKC, OHC*), a w skrajnych przypadkach doprowadzić również do uszkodzenia statku np. poprzez tąpnięcie kadłubem o dno akwenu. Zmniejszony zapas wody pod stępką (UKC) może mieć duży wpływ na sterowność statku, a w szczególności jego stateczność kursową (zdolnością statku do utrzymania się na kursie) oraz jego zwrotnością (zdolnością statku do zmiany kursu). Średnice cyrkulacji statku obserwowane w akwenach płytkich są zwykle dużo większe od średnic cyrkulacji wykonywanych na akwenach głębokich. Podobnie promień skrętu oraz droga hamowania statku są również większe w akwenach płytkich.

W takim przypadku wymaganą prędkość $Vz$ można zdefiniować jako bezpieczną i/lub optymalną prędkość statku z uwzględnieniem wymaganego zapasu wody pod stępką (składowa prędkości $V_{ZD}$) oraz wymaganego prześwitu powietrza pod mostem lub inną przeszkodą nadwodną (składowa prędkości $V_{ZH}$) uwzględniając przy tym maksymalne wartości osiadania statku w ruchu, maksymalne wartości jego zanurzenia, oraz wymagane wartości $UKC_R$ oraz $OHC_R$. Warto tu jednak podkreślić, że w studiując fachową literaturę z danego przedmiotu (np. [2], [3], [4], [5], [8], [10] [12], [30]) znaleźć można wiele metod służących do szacowania pionowej rezerwy nawigacyjnej statku, szacowania jego $UKC_R$ oraz $OHC_R$ oraz obliczania wartości jego osiadania.

Przy czym każda metoda obliczeń (np. osiadania statku w ruchu) daje zwykle bardzo zróżnicowane wyniki końcowe, często przy tym odbiegające od ich wartości rzeczywistych. Analogicznie, przy szacowaniu wymaganej optymalnej (granicznej) bezpiecznej prędkości statku $Vz$, kalkulowanej z uwzględnieniem wymaganego zapasu wody pod stępką $UKC_R$ (składowa prędkości $V_{ZD}$ zależna od parametru $SD_D$) i/lub wymaganej nawigacyjnej rezerwy wysokości $OHC_R$ (składowa prędkości $V_{ZH}$ zależna od parametru $SD_H$) możemy otrzymać zróżnicowane wyniki końcowe na $Vz$, zależnie od przyjętych (rekomendowanych) wartości na $UKC_R$ oraz $OHC_R$.

Dlatego też, w praktyce autor zaleca każdorazowo stosowanie jedynie tych metod oraz takich wartości współczynników wyjściowych, które najbardziej odpowiadają kryteriom ustalonym dla naszego statku, czyli są rekomendowane przez konstruktora statku (stocznię) i są jednocześnie zaakceptowane przez jego właściciela i armatora.

Warto przy tym również pamiętać, że w praktyce, każdy armator musi wyposażyć swoje statki w odpowiednie procedury kompanijne, które są zgodne z wymaganiami IMO (np. konwencją SOLAS oraz kodeksem ISM) i dlatego też we wdrożonym na statku systemie zarządzania SMS (ang. *Safety Management System*), zawsze znajdują się odpowiednie procedury nawigacyjne oraz szczegółowe instrukcje i wytyczne armatora dotyczące opisywanych tu zagadnień, a w wielu przypadkach również dodatkowe rekomendowane arkusze kalkulacyjne i/lub odpowiednie oprogramowanie.

Jeżeli zatem w dalszych rozważaniach przyjmiemy następujące ograniczenia przyjętej metody obliczeń: głębokość akwenu $(h > T_{max})$ dopasowana będzie do parametru granicznej wartości pożądanej głębokości domeny $\left(h = SD_D,\ SD_D \geq n \cdot T_{max} + k \cdot h_f\right)$, minimalny pionowy prześwit powietrza pod mostem lub inną przeszkodą nadwodną $(CVC \geq SD_H)$ z ograniczeniem metody $(SD_H \geq ADT + OHC_R)$, to wówczas wzory na wartość pożądanej prędkości $V_{ZD}$ i $V_{ZH}$ będziemy mogli otrzymać np. po przekształceniu przedstawionych poniżej autorskich wzorów uproszczonych na parametry głębokości domeny statku $SD_D$ oraz jej wysokości $SD_H$, analizowanych względem niewiadomej $V$. Wzory końcowe, w zależności od przyjętej metody obliczeń, przybiorą wówczas następującą postać:

- Wykorzystując metodę dokładną C.B. Barrasa [2] na osiadanie statku, z ograniczeniem metody: $0.5 \leq C_B \leq 0.9$; $0 \leq t/L \leq 0.005$; $1.1 \leq h/T \leq 1.4$;

$$SD_D = n \cdot T_{max} + \frac{m \cdot C_B}{30} \cdot \left(\frac{B \cdot T}{b \cdot h - B \cdot T}\right)^{\frac{2}{3}} \cdot V^{2.08} + k \cdot h_f \qquad [\mathrm{m}] \quad (35)$$

$$V_{ZD} = \left( \frac{30 \cdot (SD_D - n \cdot T_{max} - k \cdot h_f)}{m \cdot C_B \cdot \left( \frac{B \cdot T}{b \cdot h - B \cdot T} \right)^{\frac{2}{3}}} \right)^{\frac{25}{52}} \quad \text{[kn]} \quad (36)$$

$$SD_H = ADT + OHC_R - \frac{R_{squat}}{2} = ADT + OHC_R - \frac{m \cdot C_B}{60} \cdot \left( \frac{B \cdot T}{b \cdot h - B \cdot T} \right)^{\frac{2}{3}} \cdot V^{2.08} \quad \text{[m]} \quad (37)$$

$$V_{ZH} = \left( \frac{60 \cdot (SD_H - ADT - OHC_R)}{m \cdot C_B \cdot \left( \frac{B \cdot T}{b \cdot h - B \cdot T} \right)^{\frac{2}{3}}} \right)^{\frac{25}{52}} \quad \text{[kn]} \quad (38)$$

- Wykorzystując metodę uproszczoną C.B. Barrasa ([2], za [12]) do szacowania osiadania statku w akwenach płytkich, z ograniczeniem metody: 1.1 ≤ h/T ≤ 1.2;

$$SD_D = n \cdot T_{max} + m \cdot (0.01 \cdot C_B \cdot V^2) + k \cdot h_f \quad \text{[m]} \quad (39)$$

$$V_{ZD} = \sqrt{\frac{SD_D - n \cdot T_{max} - k \cdot h_f}{0.01 \cdot m \cdot C_B}} \quad \text{[kn]} \quad (40)$$

$$SD_H = Air\ Draft + OHC_R - 0.005 \cdot m \cdot C_B \cdot V^2 \quad \text{[m]} \quad (41)$$

$$V_{ZH} = \sqrt{\frac{SD_H - ADT - OHC_R}{0.005 \cdot m \cdot C_B}} \quad \text{[kn]} \quad (42)$$

- Wykorzystując metodę uproszczoną C.B. Barrasa ([2], za [12]) do szacowania osiadania statku w wąskim kanale, z ograniczeniem metody: $0.06 \leq \frac{B \cdot T}{b \cdot h} \leq 0.3$;

$$SD_D = n \cdot T_{max} + m \cdot (0.02 \cdot C_B \cdot V^2) + k \cdot h_f \quad \text{[m]} \quad (43)$$

$$V_{ZD} = \sqrt{\frac{SD_D - n \cdot T_{max} - k \cdot h_f}{0.02 \cdot m \cdot C_B}} \quad \text{[kn]} \quad (44)$$

$$SD_H = Air\ Draft + OHC_R - 0.01 \cdot m \cdot C_B \cdot V^2 \quad \text{[m]} \quad (45)$$

$$V_{ZH} = \sqrt{\frac{SD_H - ADT - OHC_R}{0.01 \cdot m \cdot C_B}} \quad \text{[kn]} \quad (46)$$

➤ Wykorzystując metodę N.E. Eryuzlu i R. Haussera (na podstawie [3], [12]) do szacowania osiadania statku w ruchu, z ograniczeniem metody:

$C_B \geq 0.7$; $1.08 \leq \frac{h}{T} \leq 2.78$;

$$SD_D = n \cdot T_{max} + m \cdot \left(0.113 \cdot B \cdot \left(\frac{h}{T}\right)^{-0.27} \cdot \left(\frac{0.514 \cdot V}{\sqrt{g \cdot h}}\right)^{1.8}\right) + k \cdot h_f \quad [m] \quad (47)$$

$$V_{ZD} = 6.533\sqrt{g \cdot h} \cdot \left(\frac{h}{T}\right)^{0.15} \cdot \left(\frac{SD_D - n \cdot T_{max} - k \cdot h_f}{m \cdot B}\right)^{\frac{5}{9}} \quad [kn] \quad (48)$$

$$SD_H = ADT + OHC_R - \frac{m}{2} \cdot \left(0.113 \cdot B \cdot \left(\frac{h}{T}\right)^{-0.27} \cdot \left(\frac{0.514 \cdot V}{\sqrt{g \cdot h}}\right)^{1.8}\right) \quad [m] \quad (49)$$

$$V_{ZH} = 13.066\sqrt{g \cdot h} \cdot \left(\frac{h}{T}\right)^{0.15} \cdot \left(\frac{SD_H - ADT - OHC_R}{m \cdot B}\right)^{\frac{5}{9}} \quad [kn] \quad (50)$$

➤ Wykorzystując metodę G.I. Soukhomel'a i V.M. Zass'a (na podstawie [3], [12]) do oszacowania osiadania statku w ruchu na wodach płytkich, lecz nieograniczonych pod względem szerokości, z ograniczeniem metody:

$3.5 \leq \frac{L}{B} \leq 9$;

$$SD_D = n \cdot T_{max} + m \cdot l \cdot 0.049047542 \cdot V^2 \cdot \sqrt{\frac{T}{h} \cdot \left(\frac{L}{B}\right)^{-1.11}} + k \cdot h_f \quad [m] \quad (51)$$

$$V_{ZD} = 4.5154 \cdot \sqrt{\frac{SD_D - n \cdot T_{max} - k \cdot h_f}{m \cdot l \cdot \sqrt{\frac{T}{h} \cdot \left(\frac{L}{B}\right)^{-1,11}}}} \quad [kn] \quad (52)$$

$$SD_H = Air\ Draft + OHC_R - \frac{m}{2} \cdot l \cdot 0.049047542 \cdot V^2 \cdot \sqrt{\frac{T}{h} \cdot \left(\frac{L}{B}\right)^{-1.11}} \quad [m] \quad (53)$$

$$V_{ZH} = 6.3876 \cdot \sqrt{\frac{SD_H - Air\ Draft - OHC_R}{m \cdot l \cdot \sqrt{\frac{T}{h} \cdot \left(\frac{L}{B}\right)^{-1,11}}}} \quad [kn] \quad (54)$$

Gdzie:

$SD_D$= głębokość domeny statku wyrażona w metrach, [m];

$SD_H$= wysokość domeny statku wyrażona w metrach, [m];

$V$= prędkość statku względem wody ($V=V_w=STW$), wyrażona w węzłach, [kn];

$V_{ZD}$= składowa prędkości bezpiecznej statku $V_Z$ określona wzdłuż osi OZ dla pożądanej głębokości jego domeny ($SD_D$) z uwzględnieniem wymaganego zapasu wody pod stępką $UKC_R$, wartość wyrażana w węzłach, [kn];

$V_{ZH}$= składowa prędkości bezpiecznej statku $V_Z$ określona wzdłuż osi OZ dla pożądanego prześwitu powietrza pod mostem lub inną przeszkodą nadwodną ($OHC_R$) z uwzględnieniem oszacowanego wcześniej parametru wysokości domeny statku ($SD_H$), wartość wyrażana w węzłach, [kn];

$ADT$= z ang. *Air Draft*, wysokość nadwodna statku, czyli pionowa wysokość najwyższego punktu statku (uwzględniając w tym przewożony ładunek) mierzona nad linią wodną, wyrażona w metrach, w literaturze polskojęzycznej oznaczana również symbolem $H_N=ADT$, [m];

$OHC_R$= z ang. *Over Head Clearance Required,* oznacza minimalną wartość wymaganej nawigacyjnej rezerwy wysokości wyrażonej w metrach, analizowanej podczas przejścia statku pod mostem lub inną przeszkodą zawieszoną na trasie jego przejścia. W praktyce wymaga się, aby podczas przejścia statku pod mostem: $OHC_R \geq 0.5$ m (zalecane $OHC_R = 1$ m), podczas przejścia pod linią energetyczną: $1.5 \text{ m} \leq OHC_R \leq 5$ m, (zalecane $OHC_R = 3$ m), gdy limit $OHC_R$ nie jest określony przez odpowiednie regulacje prawne, to wówczas zalecane $OHC_R = 5$ m.

$R_{squat}$= składowa pionowa rezerwy nawigacyjnej statku związana ze zjawiskiem jego osiadania (ang. *Squat*). W niektórych publikacjach wielkość ta oznaczana jest symbolem $z$ ($R_{squat}= z$). Jest ona mierzona wzdłuż osi OZ w dół od aktualnej linii wodnicy pływania i wyrażona w metrach, [m];

$B$= szerokość statku wyrażona w metrach, [m];

$L$= długość statku wyrażona w metrach, [m];

$T$= maksymalne (statyczne) zanurzenie statku (ang. *ship's maximum draft*) wyrażone w metrach: $T=T_{max}$; [m];

$C_B$= współczynnik pełnotliwości kadłuba określający stosunek objętości podwodnej części kadłuba do objętości bryły o wymiarach: B, L, T;

$h$= głębokość akwenu wyrażona w metrach, $\bar{h}$ oznacza wartość średnią, [m];

$b$= szerokość akwenu żeglownego wyrażona w metrach. Symbol $\bar{b}$ oznacza wartość średnią, [m];

$g$ = przyspieszenie ziemskie: $g = 9.81$ m/s$^2$;

$h_f$= wysokość fali wyrażona w metrach [m];

$k$= bezwymiarowy współczynnik wprowadzony przez autora (2000) korygujący wartość dynamicznej nawigacyjnej rezerwy głębokości $R_d$ w zależności od parametrów statku (jego prędkości $V$, szerokości $B$, długości $L$, współczynnika pełnotliwości kadłuba $C_B$) oraz parametrów fali (jej długości $\lambda$, wysokości $h_f$ oraz kąta natarcia fali $q$);

$l$= bezwymiarowy współczynnik (faktor: $1.1 \leq l \leq 1.5$) zależny od długości statku $L$ oraz jego szerokości $B$ korygujący osiadanie statku w ruchu stosowany przy metodzie G.I. Soukhomel'a i V.M. Zass'a;

$m$= wprowadzony przez autora bezwymiarowy współczynnik (faktor: $1.0 \leq m \leq 2.0$) korygujący składową pionową rezerwy nawigacyjnej statku ($SD_D$) związanej z jego osiadaniem ($R_{squat} = f\,(m, V, B, L, T, C_B, h, b)$) ustalony w zależności od aktualnej sytuacji nawigacyjnej, w której znalazł się ten statek (np. wyprzedzanie, mijanie, przemieszczanie się na płyciźnie ponad nierównościami dennymi, nawigacja w lodzie, mule itp.) oraz rozbieżności w parametrach statku i parametrach basenu od parametrów przyjętych w źródłowej metodzie obliczania osiadania statku w ruchu;

$n$= bezwymiarowy współczynnik wprowadzony przez autora (2000) korygujący składową statyczną głębokości domeny statku ($SD_D$) w funkcji zanurzenia statku $T$ zależny od typu akwenu (portowe, tory przybrzeżne, akweny otwarte) oraz rodzaju dna (skaliste, piaszczyste, muliste).

**Tabela 8.** Wartości współczynnika „*n*" korygującego składową statyczną głębokości domeny ($SD_D$) w funkcji zanurzenia statku $T$. Źródło: Badania własne (2000), [12].

| *n* | Typ akwenu (TA) | Rodzaj dna (RD) |
|---|---|---|
| *1.1* | *Akweny portowe, kanały wewnątrzportowe* | *Dno muliste* |
| *1.15* | *Redy, podejścia do portów* | *Dno piaszczyste* |
| *>1.2* | *Akweny odsłonięte* | *Dno skaliste* |

**Tabela 9.** Wartości współczynnika „*m*" korygującego wartości funkcji $R_{squat}$= $f(m,V,B,L,T,C_B,h,b)$ w zależności od zaistniałej sytuacji nawigacyjnej, w jakiej znalazł się statek (np. wyprzedzanie, mijanie, nawigacja ponad nierównościami dennymi, nawigacja w lodzie, mule itp.) oraz odchyleń parametrów statku i/lub parametrów akwenu od parametrów przyjętych w metodzie wzorcowej na obliczanie osiadania. Źródło: Opracowano na podstawie badań własnych autora.

| *m* | Parametry statku | Parametry akwenu żeglownego (kanału) |
|---|---|---|
| *1.0* | *Zgodne z przyjętą metodą obliczeń lub niezgodne, ale mniej rygorystyczne, na przykład statki smukłe i wolniejsze, przyjęte w metodzie obliczeń* | *Zgodne z przyjętą metodą obliczeniową lub niekompatybilne, ale mniej rygorystyczne, np. parametry obszaru morskiego o wodach nawigacyjnych wyższych niż zalecane w tej metodzie (b, h)* |
| *1.5* | *Niezgodne z zastosowaną metodą obliczeniową, np. dla statków o współczynniku pełnotliwości kadłuba większym niż zalecany* | *Zgodne z przyjętą metodą obliczeniową lub niezgodne, ale mniej rygorystyczne, np. parametry obszaru morskiego wyższe niż zalecane w metodzie (b, h)* |
| *1.5* | *Zgodne z przyjętą metodą obliczeń lub niezgodne, ale mniej rygorystyczne, np. dla statków smuklejszych i/lub wolniejszych niż warunki przyjęte w metodzie* | *Niezgodność z wytycznymi metody obliczeniowej, np. parametry akwenu mniejsze niż te sprawdzone i ujęte w danej metodzie, żegluga poza osią toru, mijanie i/lub wyprzedzanie innych statków w kanale* |
| *2.0* | *Niezgodne z zastosowaną metodą obliczeniową, np. dla statków bardziej pełnotliwych niż te zalecane w przyjętej metodzie* | *Niezgodność z wytycznymi metody obliczeniowej, np. parametry akwenu mniejsze niż te sprawdzone i ujęte w danej metodzie, żegluga poza osią toru, mijanie i/lub wyprzedzanie innych statków w kanale* |

**Tabela 10.** Wartości współczynnika „*k*" korygującego składową $R_d$ pionowej rezerwy głębokości (parametru domeny $SD_D$) od dynamicznego oddziaływania fali określona przez autora w funkcji parametrów statku ($V$, $B$, $L$, $C_B$) oraz parametrów fali ($\lambda$, $h_f$, $q$). Źródło: Opracowano na podstawie badań własnych autora.

| *k* | Fale o kierunku zgodnym z linią kursu (fale nacierają na statek od dziobu ($q \approx$ 000°) lub rufy ($q \approx$ 180°)) | Fale poprzeczne do linii kursu nacierające na statek z kierunków trawersowych ($q \approx \pm$090°) |
|---|---|---|
| *0.33* | *Kiedy:* $V = 0$ *i* $L > \lambda$ | *Kiedy:* $V = 0$ *i* $B > 0{,}5 \cdot \lambda$ |
| *0.66* | *Kiedy:* $V \geq 10$ *kn i* $L > \lambda$ | *Kiedy:* $V \geq 10$ *kn i* $B > 0{,}5 \cdot \lambda$ |
| *0.75* | *Kiedy:* $V < 10$ *kn i* $L < 0{,}5 \cdot \lambda$ | *Kiedy:* $V < 10$ *kn i* $B < 0{,}5 \cdot \lambda$ |
| *1.00* | *Kiedy:* $V \geq 10$ *kn i* $L < 0{,}5 \cdot \lambda$ | *Kiedy:* $V \geq 10$ *kn i* $B < 0{,}5 \cdot \lambda$ |

**Tabela 11.** Wartości współczynnika „*l*" korygującego osiadanie statku w ruchu (według metody G.I. Soukhomel'a i V.M. Zass'a) w funkcji (*L/B*). Źródło: Opracowano na podstawie [3], [12].

| Stosunek *L* do *B* | $7 \leq \frac{L}{B} \leq 9$ | $5 \leq \frac{L}{B} < 7$ | $3.5 \leq \frac{L}{B} < 5$ |
|---|---|---|---|
| Współczynnik *l* | *1.10* | *1.25* | *1.50* |

Przykłady granicznych bezpiecznych prędkości statku $V_{ZD}$ i $V_{ZH}$ obliczonych według powyższych wzorów dla zbiornikowców VLCC Warta i ULCC Blue Lady manewrujących w obrębie portu w kanale nawigacyjnym o następujących parametrach: szerokość $b$= 150 m, zakładana głębokość akwenu $(h > T_{max})$ dopasowana będzie do parametru granicznej wartości pożądanej głębokości domeny $(h = SD_D)$, z ograniczeniem $(SD_D \geq n \cdot T_{max} + k \cdot h_f)$, minimalny pionowy prześwit pod mostem $(CVC \geq SD_H)$ z ograniczeniem metody $(SD_H \geq ADT + OHC_R)$, mierzone na spokojnym morzu o wysokości fali $h_f$= 0 m przedstawiono w tabeli 12.

**Tabela 12.** Przykładowe wartości granicznej prędkości bezpiecznej $V_{ZD}$ i $V_{ZH}$ obliczone dla statków VLCC Warta i ULCC Blue Lady manewrujących w portowym kanale nawigacyjnym o następujących parametrach: szerokość $b$= 150 m, zakładana głębokość akwenu $(h > T_{max})$ dopasowana do parametru granicznej wartości głębokości domeny $(h = SD_D)$, z ograniczeniem $(SD_D \geq n \cdot T_{max} + k \cdot h_f)$, minimalny pionowy prześwit pod mostem $(CVC \geq SD_H)$ z ograniczeniem metody $(SD_H \geq ADT + OHC_R)$, mierzone na spokojnym morzu o wysokości fali $h_f$= 0 m. Źródło: Badania własne autora.

| Przyjęta metoda obliczeń dla $V_{ZD\,i}\,V_{ZH}$ | (Numer równania) | **VLCC WARTA** *D=176967 t, L=293 m, B=48 m, T=15.5 m, $C_B$= 0.844, $V_{max}$=15 kn, P=29000 HP, 122 RPM, HHP=55 m, ADT=39.5 m, $OHC_R$=1.0 m, n= 1.1; m=1.0, k= 0.33, l= 1.25* | | | | | **ULCC BLUE LADY** *D= 323660 t, L=331 m, B=57.0 m, T=20.6 m, CB= 0.790; $V_{max}$=15 kn, P=27000 HP, 85 RPM, HHP=75m, ADT=54.4 m, $OHC_R$=1.0 m, n= 1.1, m=1.0, k= 0.33, l= 1.25* | | | | |
|---|---|---|---|---|---|---|---|---|---|---|---|
| Pożądana: $SD_D$=h | | 17.1 [m] | 17.5 [m] | 18.0 [m] | 18.5 [m] | 19.0 [m] | 22.7 [m] | 23.0 [m] | 23.5 [m] | 24.0 [m] | 24.5 [m] |
| Prędkość $V_{ZD}$ [kn] | (36) | *1.76* | *5.10* | *7.40* | *9.18* | *10.71* | *1.50* | *4.23* | *6.60* | *8.35* | *9.82* |
| | (40) | *2.43* | *7.30* | *10.61* | *13.11* | *15.20* | *2.25* | *6.56* | *10.31* | *13.02* | *15.26* |
| | (44) | *1.72* | *5.16* | *7.50* | *9.27* | *10.75* | *1.59* | *4.64* | *7.29* | *9.21* | *10.79* |
| | (48) | *1.89* | *6.51* | *10.04* | *12.93* | *15.51* | *1.75* | *5.80* | *9.72* | *12.77* | *15.43* |
| | (52) | *2.53* | *7.62* | *11.15* | *13.87* | *16.20* | *2.20* | *6.43* | *10.15* | *12.89* | *15.19* |
| Pożądana $SD_H$ | | 40.6 [m] | 41.0 [m] | 41.5 [m] | 42.0 [m] | 42.5 [m] | 55.5 [m] | 56.0 [m] | 56.5 [m] | 57.0 [m] | 57.5[ m] |
| Prędkość $V_{ZH}$ [kn] | (38) | *3.42* | *7.49* | *10.59* | *13.02* | *15.13* | *3.26* | *7.75* | *10.49* | *12.68* | *14.60* |
| | (42) | *4.87* | *10.89* | *15.39* | *18.85* | *21.77* | *5.03* | *12.32* | *16.69* | *20.13* | *23.06* |
| | (46) | *3.44* | *7.70* | *10.89* | *13.33* | *15.39* | *3.56* | *8.71* | *11.80* | *14.23* | *16.30* |
| | (50) | *5.56* | *13.81* | *20.67* | *26.36* | *31.47* | *5.82* | *15.90* | *22.57* | *28.18* | *33.22* |
| | (54) | *5.05* | *11.36* | *16.19* | *19.96* | *23.20* | *4.91* | *12.08* | *16.44* | *19.93* | *22.95* |
| **Założenie:** Wewnętrzny kanał nawigacyjny o szerokości $b$= 150 m, zakładana głębokość akwenu $(h > T_{max})$ dopasowana do parametru granicznej wartości głębokości domeny $(h = SD_D)$, z ograniczeniem $(SD_D \geq n \cdot T_{max} + k \cdot h_f)$, minimalny pionowy prześwit pod mostem $(CVC \geq SD_H)$ z ograniczeniem metody $(SD_H \geq ADT + OHC_R)$ oraz wszystkie dane liczone na spokojnym morzu o wysokości fali $h_f$= 0 m ($k$= *0.33*). | | | | | | | | | | | |

**Tabela 13.** Przykładowe wartości granicznej prędkości bezpiecznej $V_{ZD}$ i $V_{ZH}$ obliczone dla statków VLCC Warta i ULCC Blue Lady manewrujących w kanale zbliżeniowym do portu o następujących parametrach: szerokość $b$= 350 m, zakładana głębokość akwenu $(h > T_{max})$ dopasowana do parametru granicznej wartości głębokości domeny $(h = SD_D)$, z ograniczeniem $(SD_D \geq n \cdot T_{max} + k \cdot h_f)$, minimalny pionowy prześwit pod mostem $(CVC \geq SD_H)$ z ograniczeniem metody $(SD_H \geq ADT + OHC_R)$, mierzone na umiarkowanym morzu o wysokości fali $h_f$= 1.5 m. Źródło: Badania własne autora.

| Przyjęta metoda obliczeń dla $V_{ZD}$ i $V_{ZH}$ | (Numer równania) | **VLCC WARTA** *D=176967 t, L=293 m, B=48.0 m, T=15.5 m, $C_B$= 0.844, $V_{max}$=15 kn, P=29000 HP, 122 RPM, HHP=55 m, ADT=39.5 m, $OHC_R$=3.0 m, n= 1.15, m=1.0, k= 0.66, l= 1.25* | | | | | **ULCC BLUE LADY** *D= 323660 t, L=331 m, B=57 m, T=20.6 m, $C_B$= 0.790; $V_{max}$=15 kn, P=27000 HP, 85 RPM, HHP=75m, ADT=54.4 m, $OHC_R$=3.0 m, n= 1.15, m=1.0, k= 0.66, l= 1.25* | | | | |
|---|---|---|---|---|---|---|---|---|---|---|---|
| Pożądana: $SD_D=h$ | | 18.9 [m] | 19.0 [m] | 19.5 [m] | 20.0 [m] | 20.5 [m] | 24.7 [m] | 25.0 [m] | 25.5 [m] | 26.0 [m] | 26.5 [m] |
| Prędkość $V_{ZD}$ [kn] | (36) | *3.30* | *4.80* | *9.10* | *11.95* | *14.28* | *1.59* | *6.04* | *9.36* | *12.11* | *14.23* |
| | (40) | *3.17* | *4.68* | *9.01* | *11.85* | *14.13* | *1.59* | *6.36* | *10.19* | *12.93* | *15.18* |
| | (44) | *2.24* | *3.31* | *6.37* | *8.38* | *9.99* | *1.13* | *4.50* | *7.20* | *9.14* | *10.73* |
| | (48) | *2.71* | *4.19* | *8.82* | *12.16* | *15.03* | *1.26* | *5.92* | *10.11* | *13.34* | *16.14* |
| | (52) | *3.38* | *4.99* | *9.66* | *12.79* | *15.34* | *1.59* | *6.37* | *10.24* | *13.06* | *15.40* |
| Pożądana $SD_H$ | | 42.6 [m] | 43.0 [m] | 43.5 [m] | 44.0 [m] | 44.5 [m] | 57.5 [m] | 58.0 [m] | 58.5 [m] | 59.0 [m] | 59.5[ m] |
| Prędkość $V_{ZH}$ [kn] | (38) | *4.98* | *10.81* | *15.23* | *18.68* | *21.64* | *4.80* | *11.40* | *15.37* | *18.54* | *21.27* |
| | (42) | *4.87* | *10.89* | *15.39* | *18.85* | *21.77* | *5.03* | *12.32* | *16.69* | *20.13* | *23.06* |
| | (46) | *3.44* | *7.70* | *10.89* | *13.33* | *15.39* | *3.56* | *8.71* | *11.80* | *14.23* | *16.30* |
| | (50) | *5.94* | *14.57* | *21.77* | *27.73* | *33.06* | *6.15* | *16.78* | *23.80* | *29.69* | *34.96* |
| | (54) | *5.18* | *11.60* | *16.51* | *20.35* | *23.65* | *5.02* | *12.33* | *16.78* | *20.33* | *23.41* |

**Założenie:** Wewnętrzny kanał nawigacyjny o szerokości $b$= 350 m, zakładana głębokość akwenu $(h > T_{max})$ dopasowana do parametru granicznej wartości głębokości domeny $(h = SD_D)$, z ograniczeniem $(SD_D \geq n \cdot T_{max} + k \cdot h_f)$, minimalny pionowy prześwit pod mostem $(CVC \geq SD_H)$ z ograniczeniem metody $(SD_H \geq ADT + OHC_R)$ oraz wszystkie dane zmierzone na umiarkowanym morzu o wysokości fali $h_f$= 1.5 m i długości fali $\lambda \approx$ 100 m (współczynnik $k$=0.66).

Dla porównania, patrz również tabela 13 z wynikami obliczeń wykonanych dla wyżej wymienionych statków poruszających się w akwenie płytkim i ścieśnionym o następujących parametrach: szerokość $b$= 350 m, zakładana głębokość akwenu $(h > T_{max})$ dopasowana do parametru granicznej wartości głębokości domeny $(h = SD_D)$, z ograniczeniem $(SD_D \geq n \cdot T_{max} + k \cdot h_f)$, minimalny pionowy prześwit pod mostem $(CVC \geq SD_H)$ z ograniczeniem metody $(SD_H \geq ADT + OHC_R)$ oraz wszystkie dane zmierzone na umiarkowanym morzu o wysokości fali $h_f$= 1.5 m i długości fali $\lambda \approx$ 100 m (współczynnik $k$=0.66).

## 10.2. Szacowanie optymalnej bezpiecznej prędkości statku $V_X$ i $V_Y$ w oparciu o analizę parametrów domeny: długości $SD_L$ i szerokości $SD_W$

Wybór granicznych wartości dla prędkości bezpiecznych statku $V_X$ i $V_Y$ dokonany zostanie w oparciu o analizę trójwymiarowego modelu 3D parametrów jego domeny w płaszczyźnie OX i OY, a w szczególności długości domeny statku $SD_L$ i szerokości domeny statku $SD_W$. W tym celu użyjemy autorskiego (2000) [19] modelu domeny z uproszczonymi wzorami do szacowania wartości jej długości $SD_L$ i szerokości $SD_W$.

**Domena statku, strefa ochronna i ramy bezpieczeństwa:** Dla celów bezpieczeństwa żeglugi niezwykle istotne jest prawidłowe zdefiniowanie parametru wektora ruchu statku oraz minimalnych obszarów bezpieczeństwa usytuowanych wokół niego, a w szczególności akwenów umieszczonych bezpośrednio przed jego dziobem oraz po jego bokach, które chcielibyśmy zawsze mieć wolne od jakichkolwiek niebezpieczeństw nawigacyjnych. W nomenklaturze fachowej obszar ten nazywany jest zwykle domeną statku (*Ship's Domain*), w systemach ECDIS znany jest on jednak częściej jako tzw. rama bezpieczeństwa statku (*Safety Frame*) lub obszar wczesnego ostrzegania (*Anti Grounding Cone*), których zarys uzależniony jest głównie od przyjętych parametrów czasu (na wczesne ostrzeganie) oraz aktualnych parametrów wektora ruchu statku (*Watch Vector Setting, Look Ahead Setting*).

W tym punkcie warto ponownie przytoczyć definicję domeny statku: Zgodnie z definicją domeny statku, każdy statek będzie uważany za bezpieczny (w znaczeniu nawigacyjnym) tak długo, jak długo pozostanie on jedynym obiektem ruchomym lub stałym wykrytym w obrębie wyznaczonej domeny statku, który mógłby wygenerować tam potencjalne ryzyko kolizji lub inne zagrożenie dla statku. Parametry tej ramy bezpieczeństwa, określone wokół statku (np. na radarze, w systemie ECDIS i/lub AIS) w niniejszym dokumencie uważane będą za parametry domeny statku, a w szczególności jej pożądaną długość określaną przed dziobem ($SD_{LF}$) i za rufą statku ($SD_{LA}$) oraz jej szerokość określaną po lewej ($SD_{WP}$) i prawej ($SD_{WS}$) burcie statku.

Dla porównania patrz Rys.8 z ustawionymi parametrami ramy bezpieczeństwa statku (ang. *Safety Frames*) ustawionymi w systemie ECDIS.

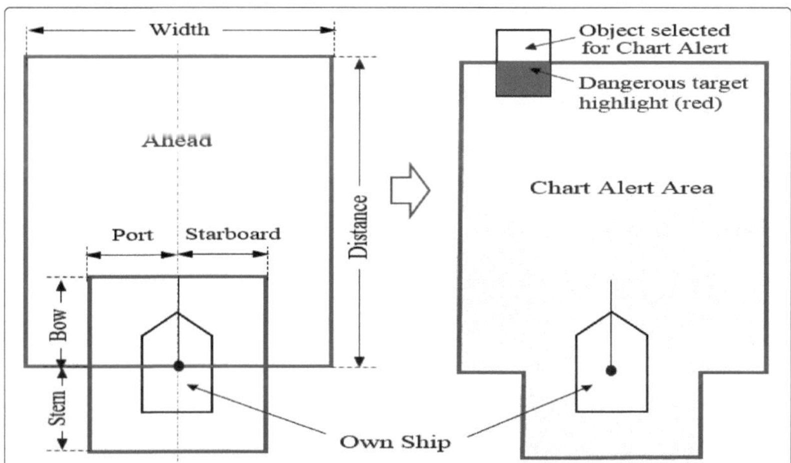


**Rys. 8.** Przykładowe ustawienie stref ochronnych wokół statku w formie jego tzw. ram bezpieczeństwa (ang. *Safety Frames*) zaprezentowane w systemie ECDIS. Źródło: Badania własne autora opisane w pracy [18].

**Ramy bezpieczeństwa** ustawione w ECDIS dają możliwość wygenerowania alarmu ostrzegającego użytkownika o wykryciu potencjalnej przeszkody nawigacyjnej (echa) w obrębie zadeklarowanego obszaru bezpieczeństwa. Użytkownik musi jednak osobiście ustawić i/lub dopasować parametry pożądanych ram bezpieczeństwa i/lub stref ochronnych (definiując jej wymiary i/lub sektory do wczesnego ostrzegania). Ich parametry muszą być dostosowywane do istniejących warunków i okoliczności. W rozważaniach tych bierze się pod uwagę również obszar i/lub drogę (dystans) wymagane do zatrzymania statku (*stopping distance*) i/lub wykonania przez niego manewru pełnej cyrkulacji (*turning circle*). Warto tu jednak podkreślić, iż bez odpowiedniego ustawienia w/w parametrów w systemie ECDIS, wczesne ostrzeganie użytkownika o większości zagrożeń nawigacyjnych znajdujących się na i wokół planowanej trasy przejścia nie będą w systemie dostępne, a spodziewane alarmy aktywowane. Funkcja ta nie zapewnia także alarmów i/lub ostrzeżeń nawigacyjnych dla celów ARPA i AIS.

**Zarys domeny** (obszaru ram bezpieczeństwa) statku, w tym również obszarów wczesnego ostrzegania statku usytuowanych przed dziobem (*Looking Ahead*) oszacowane dla aktualnych parametrów jego ruchu ustalane są zawsze przez kapitana statku według jego osobistego uznania. Wielu armatorów w tym zakresie, tworzy jednak pewne wytyczne (procedury postępowanie), według których zwykle zaleca się w systemie ECDIS następujące nastawy parametrów systemowych: *Safety Frame/ Watch Vector/ Look Ahead Settings*:

Dla **wód otwartych** (*Open Sea*): wskaźnik czasu na wczesne ostrzegania przed dziobem $t$ = 15 min, dystans przed dziobem ($Ahead \approx SD_{LF}$) = $t \cdot v$, gdzie $v$ oznacza aktualną prędkość statku; szerokość obszaru bezpieczeństwa ($Width \approx SD_W$) = 1.0 NM w kierunku na lewą ($SD_{WP}$) i prawą ($SD_{WS}$) burtę statku.

Dla **wód przybrzeżnych** (*Coastal Waters*): wskaźnik czasu $t$= 10 min, dystans przed dziobem liczony jako iloczyn czasu ($t$) i aktualnej prędkości statku ($v$), szerokość obszaru bezpieczeństwa (po każdej z burt) równa przynajmniej wartości średnicy cyrkulacji taktycznej wyrażonej w milach morskich NM.

Dla **wód portowych** oraz akwenów ograniczonych (*Harbour / Confined Water*): wskaźnik czasu= 5 min, obszar bezpieczny wokół statku co najmniej 0.25 NM lub w miarę możliwości więcej.

**Ustawienie limitów poprzecznych** na planowanej trasie przejścia (*Cross Track Limits XTL/XTD Settings*): W systemie ECDIS parametry te ustalane są już na etapie planowania podróży morskiej, oddzielnie dla każdego odcinka i/lub etapu podróży uwzględniając przy tym szerokość wód żeglownych (bezpiecznych do nawigowania), wytyczne armatora oraz zalecenia kapitana statku. Przy czym w praktyce przyjmuje się zwykle następujące parametry: Dla wód otwartych: XTL= 1.0 NM po każdej stronie planowanej drogi statku. Dla wód przybrzeżnych: XTL= 0.5 NM po każdej stronie planowanej drogi statku. Dla wód portowych oraz akwenów ograniczonych: Minimum XTL= 0.25 NM, lub w miarę możliwości więcej po każdej stronie planowanej drogi statku.

Podczas żeglugi w akwenach ograniczonych (na wodach płytkich i/lub ścieśnionych) istnieje zatem duża potrzeba poznania tych w miarę możliwości minimalnych parametrów rezerwy bezpieczeństwa statku (w tym przypadku długości $SD_L$ oraz szerokości $SD_W$ domeny statku), które mogą być gwarancją prowadzenia efektywnej i bezpiecznej żeglugi. Powszechnie wiadomo też, że zgodnie z wytycznymi tzw. dobrej praktyki morskiej, w tym interesującym nas obszarze ustalanym wokół statku dla minimalnych ram bezpieczeństwa opisywanych przez parametry jego domeny, uwzględniony musi być przynajmniej zarys kadłuba statku, powiększony o błąd uzyskanej pozycji obserwowanej oraz wartość trasy, którą statek musi pokonać od momentu wykrycia zagrożenia do zakończenia pożądanego manewru antykolizyjnego adekwatnie do istniejących warunków i okoliczności.

Dlatego też pozioma rezerwa nawigacyjna statku (w naszym przypadku szacowana długość $SD_L$ oraz szerokość $SD_W$ jego domeny) powinna uwzględniać wpływ zakłóceń zewnętrznych na właściwości manewrowe statku, a w szczególności na parametry jego cyrkulacji oraz drogę potrzebną do wytracenia prędkości i zatrzymania statku.

Z praktycznego punktu widzenia wiadomo też, że przed podjęciem każdej decyzji manewrowej potrzebny jest odpowiedni okres czasu, potrzebny na właściwą ocenę sytuacji nawigacyjnej w akwenie i podjęcie odpowiedniej decyzji o potencjalnym zagrożeniu i ewentualnym rodzaju pożądanego manewru antykolizyjnego. A zatem pozioma rezerwa nawigacyjna statku powinna być również zwiększona o dodatkową wartość odległości wynikającą z trasy, którą statek musi pokonać w czasie potrzebnym do przeprowadzenia odpowiedniej oceny ryzyka, np. poprzez analizę sytuacji kolizyjnej CPA i TCPA na radarze oraz w systemie ARPA i AIS).

W praktyce opisywany powyżej odstęp czasowy przyjmuje zwykle wartości od 0.5 minuty do 3.0 minut, przy czym dla nawigatorów mniej doświadczonych okres ten powinien być wydłużony. Z praktycznego punktu widzenia punkt początkowy lokalnego statkowego systemu odniesienia dla układu (XYZ) powinien być ustawiony na mostku nawigacyjnym w punkcie rzutu pozycji anteny radarowej na płaszczyzną wodnicy pływania na wzdłużnej linii kursu statku.

Zgodnie z powyższym, biorąc pod uwagę informacje zawarte w badaniach własnych autora opisanych w pracach ([14] do [21]), wzory uproszczone na szacowaną długość domeny przed dziobem statku ($SD_{LF}$), za rufą statku ($SD_{LA}$), oraz szerokość domeny statku szacowaną po jego lewej ($SD_{WP}$) i prawej burcie statku ($SD_{WS}$) przybiorą następującą postać:

$$SD_{LF} = p \cdot (L_{RF} + \Delta L) + 30.87 \cdot t_r \cdot SOG \cdot cos(COG\text{-}°TC) + r_L \cdot [s_L \cdot AD_{max} + 30.87 \cdot t_m \cdot Drift \cdot cos(Set - °TC)] \quad [m] \quad (55)$$

$$SD_{LA} = p \cdot (L - L_{RF} + \Delta L) + 30.87 \cdot t_r \cdot SOG \cdot cos(COG\text{-}°TC) \quad [m] \quad (56)$$

$$SD_{WP} = p \cdot \left(\frac{B_C}{2} + \Delta B\right) + 30.87 \cdot t_r \cdot SOG \cdot sin(COG - °TC) + r_W \cdot \left[s_W \cdot TR_{neg} + 30.87 \cdot t_m \cdot Drift \cdot \sin(Set - °TC)\right] \quad [m] \quad (57)$$

$$SD_{WS} = p \cdot \left(\frac{B_C}{2} + \Delta B\right) + 30.87 \cdot t_r \cdot SOG \cdot sin(COG - °TC) + r_W \cdot [s_W \cdot TR_{max} + 30.87 \cdot t_m \cdot Drift \cdot \sin(Set - °TC)] \quad [m] \quad (58)$$

Gdzie:

$SD_{LF}$= ang. *Ship's Domain Lenght Forward*, długość domeny statku liczona w kierunku przed dziobem. Wielkość wyrażana w metrach, liczona wzdłuż osi OX od centrum układu (rzutu pozycji anteny radarowej na płaszczyznę wodnicy pływania) w kierunku przed dziobem statku, [m];

$SD_{LA}$= ang. *Ship's Domain Lenght Aft (Astern)*, długość domeny statku liczona w kierunku za rufę. Wielkość wyrażana w metrach, liczona wzdłuż osi OX od centrum układu w kierunku za rufę, [m];

$SD_{WP}$= ang. *Ship's Domain Width Port Side*, szerokość domeny liczona w kierunku na lewą burtę statku. Wielkość wyrażana w metrach, liczona wzdłuż osi OY na kierunku prostopadłym do linii kursu statku (*TC*= °*TC*=*KR*) w kierunku na jego lewą burtę (ang. *Port Side*), [m];

$SD_{WS}$= ang. *Ship's Domain Width Starboard Side*, szerokość domeny liczona w kierunku na prawą burtę statku. Wielkość wyrażana w metrach, liczona wzdłuż osi OY na kierunku prostopadłym do linii kursu statku (*TC*= °*TC*=*KR*) w kierunku na jego prawą burtę (ang. *Starboard Side*), [m];

*SOG*= ang. *Speed Over Ground*, prędkość statku nad dnem, wartość otrzymywana z logów dopplerowskich oraz pozycyjnych systemów nawigacyjnych np. GNSS/GPS. Wielkość opisywana symbolem $V_d$=*SOG* wyrażana jest w węzłach, [kn];

*COG*= z ang. *Course Over Ground*, kąt drogi statku nad dnem: $\overrightarrow{V_d} = [COG, SOG]$, wyrażony w stopniach miary kątowej, [°];

°*TC*= ang. *Ship's True Course*= *TC*= °*TC*= *KR*, kurs rzeczywisty statku (w publikacjach polskojęzycznych zapisywany jako *KR*), wielkość wyrażana w stopniach skali kątowej, [ °].

*B*= szerokość statku wyrażona w metrach odczytywana z danych statku (ang. *Ship's Particulars*), karty Pilotowej oraz np. systemu AIS, [m];

Δ*B*= współczynnik korekcyjny wyrażony w metrach wprowadzony przez autora w celu zwiększenia szerokości domeny statku w skutek oszacowanych błędów poprzecznych pozycji obserwowanej statku *δy(Bi)* określonych dla znanych czynników *Bi* wpływających na wartość szerokości domeny statku ($SD_W$) obliczonych z prawdopodobieństwem P=95%. W niniejszym opracowaniu przyjęto: ΔB= 10 m;

*L*= całkowita długość statku wyrażona w metrach odczytywana z danych statku (ang. *Ship's Particulars*), karty Pilotowej (ang. *Pilot Card*) oraz np. systemu AIS: *L*= $L_c$=*LOA*, [m];

$L_{RF}$= odległość wyrażona w metrach zmierzona pomiędzy rzutem pionowym pozycji anteny radarowej na płaszczyznę wodnicy pływania a dziobem statku. Wielkość uzyskana z danych szczegółowych statku (*Ship's Particulars*), [m];

Δ*L*= współczynnik definiujący wzrost długości domeny statku ($SD_L$) wzdłuż osi OX, równy błędowi $M_{OX}$ całkowitych błędów elipsy *δx(Bi)* wszystkich czynników *Bi*, które wpływają na $SD_L$, oszacowanych z poziomem prawdopodobieństwa *P*= 95% (*C*=2.44). W niniejszym opracowaniu przyjęto: Δ*L*= 20m;

$B_C$= pozorna szerokość pasa ruchu statku wyrażona w metrach, [m]; przy dryfie statku α= poprawka na wiatr= *wind leeway angle*, znosie statku β= poprawka na prąd= *current deviation= drift angle* oraz kącie myszkowania statku Δ= *ship's yawing* (α, β i Δ wyrażane w stopniach miary kątowej [°]), szerokość pozornego pasa ruchu statku w metrach wyraża się wzorem:

$$B_C = L \cdot \sin(\alpha + \beta + \Delta) + B \cdot \cos(\alpha + \beta + \Delta) \qquad [m] \qquad (59)$$

$AD_{max}$= z ang. *Advance*, maksymalne przemieszczenie czołowe statku (w literaturze polskojęzycznej oznaczane zwykle symbolem $PC_{max}= AD_{max}$), wyrażone w metrach, mierzone podczas zmiany kursu statku ($\Delta TC=\Delta KR$) o wartość większą niż 090° ($\Delta TC\geq$ 090°) lub podczas manewru awaryjnego zatrzymywania statku w ruchu oznaczając jego maksymalną spodziewaną drogę hamowania, [m];

$TR_{max}$= maksymalne przemieszczenie boczne statku, w literaturze polskojęzycznej określane zwykle mianem $PB_{max}= TR_{max}$ (ang. *Ship's Transfer=TR maximum value*), oznacza maksymalną wartość przemieszczenia bocznego statku mierzoną na kierunkach prostopadłych do pierwotnego kierunku ruchu podczas wykonywania manewrów cyrkulacji (planowanej zmiany jego kursu) oraz przy wytracaniu prędkości podczas zatrzymywania statku w ruchu. W przypadku manewru cyrkulacji wartości $PB_{max}= TR_{max}$ obserwowane są zwykle przy zmianie kursu początkowego o $\Delta KR \geq 180°$. Wartość odczytywana w dokumentacji manewrowej statku podawana w metrach, [m];

$TR_{neg}$= ang. *Ship's 'negative' transfer (maximum value)*, nazywana potocznie w żargonie morskim jako '*Kick*', czyli z ang. kopnięcie „ujemne" statku lub przemieszczenie boczne w kierunku przeciwnym do przyjętego kierunku jego ruchu (wartość maksymalna) mierzone w metrach. Dla statków handlowych maksymalna wartość $TR_{neg}=PU$ przyjmowana jest zwykle od 1.0 do 1.5 szerokości statku *B* dla manewru pełnej cyrkulacji określonej z prędkością Cała Naprzód Morska (SFAH) oraz około 1.5 wartości długości statku *L* dla manewru awaryjnego zatrzymywania się statku tzw. manewrem *Crash Stop*, czyli pracą silnika z Cała Naprzód do Cała Wstecz (*Full Ahead-Full Astern*), [m];

$t_m$= ang. *Time for Needed Manoeuvre*, okres czasu potrzebny na wykonanie pożądanego manewru statkiem. Wielkość dotyczy zwykle manewru wytracania prędkości statku, jego awaryjnego wyhamowywania, zatrzymywania statku (np. $Tm_{FAH\text{-}FAS}$, gdzie *FAH*= Cała Naprzód, *FAS*= Cała Wstecz) lub zmiany kierunku jego ruchu (czyli np. zmiany kursu początkowego *KR=TC*) o wartość $\Delta TC \geq 090°$. Dane te otrzymuje się z charakterystyk manewrowych statku (ang. *Wheelhouse Posters*), [min];

$t_r$= ang. *Time needed for appropriate reaction*, okres czasu potrzebny na wykonanie odpowiedniej reakcji, czyli właściwą ocenę sytuacji nawigacyjnej w akwenie oraz wydanie odpowiedniego polecenia na telegraf maszynowy i/lub ster. W praktyce $t_r \approx 0.5$ min do 3.0 min w zależności od kompetencji osoby prowadzącej statek oraz jego nabytego tzw. doświadczenia morskiego. Wielkość wyrażana w minutach czasu, [min];

*Drift*= sumaryczna wartość prędkości prądów wodnych wyrażona w węzłach, [kn]; W literaturze anglojęzycznej: *Drift*= $V_{SD}$ [kn], a sumaryczny prąd (*total current = water flow*) jest sumą prądów: morskiego (*sea current*), rzecznego (*river current*) i prądu pływowego (*tide stream*). W literaturze polskojęzycznej wielkość ta oznaczana jest symbolem $Vp = V_{SD}$, gdzie wektor $\overrightarrow{V_p} = [Kp, Vp]$, *Kp*= kierunek prądu, *Vp*= prędkość prądu;

*Set*= anielska nazwa określająca kierunek oddziaływania wektora zakłóceń pochodzących od działania prądów wodnych (ang. *Total Current Direction*, $\overrightarrow{V_z} = [Set, Drift]$). Wielkość wyrażona w stopniach miary kątowej, [°];

*p*= wprowadzony przez autora bezwymiarowy współczynnik korygujący parametry domeny statku w zależności od szkodliwości ładunku jaki przewozi on na swoim pokładzie. Współczynnik ten (faktor: $1 \leq p \leq 2$) zwiększa margines bezpieczeństwa rezerwy nawigacyjnej w przypadku nietypowej sytuacji, która może doprowadzić do wypadku morskiego (katastrofy) lub zanieczyszczenia środowiska. W niniejszym opracowaniu autor zaleca użycie następujących wartości dla współczynnika *p*: dla statków w stanie pod balastem lub bez niebezpiecznego ładunku na pokładzie (ładunek nieszkodliwy, neutralny dla ludzi i środowiska): $p= 1$. Dla statków przewożących ładunek o dużej szkodliwości dla ludzi i środowiska, np. substancje łatwopalne, ropa naftowa, gaz ziemny: $p= 1.5$. Dla statków o bardzo szkodliwym ładunku dla ludzi i środowiska, np. substancje radioaktywne, żrące chemikalia, substancje wybuchowe: $p= 2.0$;

$r_L$= wprowadzony przez autora bezwymiarowy współczynnik liczbowy ($0 \leq r_L \leq 2$), korygujący długość domeny statku ($SD_L$) w zależności od jego sytuacji nawigacyjnej, a w szczególności uprzywilejowania zgodnie z MPDM (ang. *COLREG*). W niniejszym opracowaniu autor zaleca użycie następujących wartości dla współczynnika $r_L$: Dla statku na mieliźnie lub na kotwicy: $r_L = 0$. Dla statków uprzywilejowanych, takich jak statek o ograniczonej zdolności manewrowej (z wyjątkiem statku zajętego oczyszczaniem z min oraz statku zajętego połowem): $r_L = 1.5$. W przypadku statków żaglowych, statków ograniczonych swym zanurzeniem oraz statków nie odpowiadających za swoje ruchy: $r_L = 2$;

$r_W$= wprowadzony przez autora bezwymiarowy współczynnik liczbowy ($0 \leq r_W \leq 2$), korygujący szerokość domeny statku ($SD_W$) w zależności od jego aktualnej sytuacji nawigacyjnej, a w szczególności jego uprzywilejowania zgodnie z MPDM (ang. *COLREG*). W niniejszym opracowaniu autor zaleca użycie następujących wartości dla współczynnika $r_W$: Dla statku na mieliźnie lub na kotwicy: $r_W$= 0. Dla statków ograniczonych swym zanurzeniem: $r_W$= 1. Dla statków uprzywilejowanych, takich jak statek o ograniczonej zdolności manewrowej (z wyjątkiem statku zajętego oczyszczaniem z min oraz statku zajętego połowem): $r_W$ = 1.5. Dla statków żaglowych oraz statków nieodpowiadających za swoje ruchy: $r_W$= 2;

$s_L$= wprowadzony przez autora bezwymiarowy współczynnik liczbowy (ang. *length factor*) korygujący parametr przemieszczenia czołowego statku *PC* (ang. *Advance= AD*) szacowany podczas manewru zmiany kursu i/lub wytracania prędkości statku określany w przypadku pojawienia się warunków innych niż te, które uznano za wzorcowe i opisano je w karcie pilotowej oraz dokumentacji manewrowej statku (ang. *Pilot Card, Wheelhouse Posters*) na podstawie przeprowadzonych wcześniej prób morskich podczas których wpływ zakłóceń zewnętrznych (np. od odziaływania prądu, wiatru i fali) nie był uwzględniany;

$s_W$= wprowadzony przez autora bezwymiarowy współczynnik liczbowy (ang. *width factor*) korygujący parametr przemieszczenia bocznego statku *PB* (ang. *Transfer= TR*) szacowany podczas manewru zmiany kursu i/lub wytracania prędkości statku określany w przypadku pojawienia się warunków innych niż te, które uznano za wzorcowe i opisano je w karcie pilotowej oraz dokumentacji manewrowej statku (ang. *Pilot Card, Wheelhouse Posters*) na podstawie przeprowadzonych wcześniej prób morskich podczas których wpływ zakłóceń zewnętrznych (np. od odziaływania prądu wiatru i fali) nie był uwzględniany. Patrz Tabele 14, 15 i 16.

**Uwaga:**
Zgodnie z zasadami dobrej praktyki morskiej, należy unikać statków do usuwania min w odległości co najmniej 2 NM, chyba że miejscowa administracja morska postanowi inaczej. W tym przypadku $SD_L$= $SD_W$= 2 NM.

**Tabela 14.** Wartości współczynników liczbowych $s_L$ i $s_W$ odniesione do względnych wartości średnic cyrkulacji taktycznej *Dt* oszacowanej dla różnych kątów wychylenia płetwy steru α i odniesionych do wartości początkowej uzyskanej dla kąta α= 35°. Źródło: Opracowanie własne autora (2000) [19] na podstawie badań A. Nowickiego (1999) [12].

| Kąt wychylenia steru α [°] | Średnice cyrkulacji taktycznej $D_t$ przedstawione w funkcji kąta wychylenia steru α i odniesiona w procentach do średnicy cyrkulacji taktycznej oszacowanej dla kąta wychylenia steru α= 35° | Wartości współczynników $s_L$ i $s_W$ |
|---|---|---|
| 35° | 100 % | 1.00 |
| 30° | 110 % | 1.10 |
| 25° | 132 % | 1.32 |
| 20° | 140 % | 1.40 |
| 15° | 165 % | 1.65 |
| 10° | 200 % | 2.00 |
| 5° | 235 % | 2.35 |

**Tabela 15.** Wartości współczynników liczbowych $s_L$ i $s_W$ oszacowane dla różnych prędkości początkowych $V_o$ oraz różnych średnic cyrkulacji taktycznej ($D_t$) określanych w odniesieniu do tych samych parametrów uzyskanych dla statku podążającego z prędkością manewrową cała naprzód FAH. Źródło: Opracowanie własne autora (2000) [19] na podstawie badań A. Nowickiego (1999) [12].

| $V_o$ w % $V_{FAH}$ $\left(\frac{V_o \cdot 100\%}{V_{FAH}}\right)$ | $D_{tVo}$ w % $D_{t\ FAH}$ dla α= 35° $\left(\frac{D_{t\,Vo} \cdot 100\%}{D_{t\ FAH,\alpha=35°}}\right)$ | Wartości $s_L$ i $s_W$ | $V_o$ w % $V_{FAH}$ $\left(\frac{V_o \cdot 100\%}{V_{FAH}}\right)$ | $D_{tVo}$ w % $D_{t\ FAH}$ dla α= 35° $\left(\frac{D_{t\,Vo} \cdot 100\%}{D_{t\ FAH,\alpha=35°}}\right)$ | Wartości $s_L$ i $s_W$ |
|---|---|---|---|---|---|
| 100 | 100 | 1.00 | 60 | 93 | 0.93 |
| 90 | 99 | 0.99 | 50 | 91 | 0.91 |
| 80 | 97 | 0.97 | 40 | 89 | 0.89 |
| 70 | 95 | 0.95 | 30 | 86 | 0.86 |
| 60 | 93 | 0.93 | 20 | 83 | 0.83 |

**Tabela 16**. Wpływ głębokości akwenu na średnicę cyrkulacji taktycznej (*Dt*), wartość kąta dryfu ($\beta_C$), prędkość liniową (*Vc)* i kątową ($\varpi_c$) oraz położenie bieguna obrotu względem środka ciężkości PG [12] opracowane na podstawie badań A. Nowickiego (1999) [12] oraz odpowiadające im wartości współczynników $s_L$ i $s_W$ opracowane przez autora (2000) [19].

| $\frac{h_o}{T}$ | $D_t$ [%] | Wartości współczynników $s_L$ i $s_W$ | $\beta_C$ [%] | *Vc*[%] | Prędkość kątowa statku $\varpi c$ [%] | | | PG [%] |
|---|---|---|---|---|---|---|---|---|
| | | | | | $\alpha$=20° | $\alpha$=30° | $\alpha$=40° | |
| 2.0 | 100 | 1.00 | 100 | 100 | 89 | 86 | 83 | 96 |
| 1.8 | 104 | 1.04 | 91 | 100 | 85 | 83 | 79 | 93 |
| 1.6 | 115 | 1.15 | 80 | 101 | 80 | 76 | 73 | 86 |
| 1.4 | 132 | 1.32 | 63 | 106 | 73 | 70 | 68 | 74 |
| 1.2 | 155 | 1.55 | 37 | 115 | 55 | 55 | 55 | 51 |
| 1.1 | 168 | 1.68 | 18 | 125 | -- | -- | -- | 19 |
| Uwaga: 100% wartości $\varpi_c$ oraz PG ustalono dla stosunku $h_o/T$= 5.0. | | | | | | | | |

**Tabela 17**. Zestawienie wartości przemieszczeń czołowych $PC_{090}=AD_{090}$ oraz przemieszczeń bocznych $PB_{090}=TR_{090}$ oszacowane dla zwrotu statku o 90° w funkcji wartości średnicy cyrkulacji taktycznej $D_t$. Źródło: Opracowano na podstawie badań A. Nowickiego (1999) [12].

| $D_t / L$ | $AD_{090°} / L$ | $TR_{090°} / L$ | $D_t / L$ | $AD_{090°} / L$ | $TR_{090°} / L$ |
|---|---|---|---|---|---|
| *2* | *2.4* | *0.9* | *8* | *5.5* | *3.5* |
| *3* | *3.1* | *1.2* | *9* | *5.9* | *4.1* |
| *4* | *3.7* | *1.5* | *10* | *6.3* | *4.8* |
| *5* | *4.2* | *1.9* | *11* | *6.8* | *5.4* |
| *6* | *4.7* | *2.4* | *12* | *7.3* | *6.1* |
| *7* | *5.1* | *3.0* | *13* | *7.9* | *6.7* |

Dla przykładu, w tabeli 17 zestawiono przykładowe wartości maksymalnych przemieszczeń czołowych statku $PC_{90}=AD_{90}$ (ang. *Advance*) oraz przemieszczeń bocznych statku $PB_{90}=TR_{90}$ (ang. *Transfer*) oszacowane dla zwrotu statku o kąt 90° w funkcji wartości średnicy cyrkulacji taktycznych $D_t$ odniesionych do długości statku *L*.

Warto przy tym jednak zaznaczyć, iż istnieje również kilka innych metod analitycznych umożliwiających obliczenie powyższych parametrów, a w szczególności wartości maksymalnych przemieszczeń czołowych statku ($PC_{max}=AD_{max}$) oraz zmiany jego prędkości liniowej ($Vn$). Jedną z nich, analizowaną dla manewru tzw. swobodnego zatrzymywania się statku metodą bezwładnościową, czyli po zatrzymaniu silnika, można przedstawić za pomocą poniższych zależności, które po przekształceniu na system miar morskich (prędkość w węzłach, odległość $AD_{max}$ w metrach) przybiorą następującą postać (przedstawianą tu za [12]):

$$AD_{\max} = d_{Vn} = 15.43 \cdot t_n \cdot (V_o - V_n) \qquad [m] \qquad (60)$$

$$V_n = \frac{2 \cdot T_X \cdot V_o}{2 \cdot T_X + 40.13 \cdot V_o \cdot t_n} \qquad [kn] \qquad (61)$$

Gdzie:

$V_n$= nowa niższa prędkość statku wyrażona w węzłach po czasie $t$ liczonym od momentu wydania polecenia 'MASZYNA STOP', [kn];

$V_o$= początkowa prędkość statku wyrażona w węzłach, [kn];

$t_n$= czas wyrażony w minutach potrzebny do osiągnięcia prędkości $Vn$, [min];

$d_{Vn}$= odległość, jaką przebył statek po upływie czasu $t_n$ gdy jego prędkość początkowa $V_o$ zredukowana została do wartości $Vn$, [m];

$Tx$= współczynnik charakteryzujący energię kinetyczną wynikającą z masy statku i masy wody towarzyszącej oraz przeciwstawiającą się im siłę oporu. Współczynnik $T_X$ dla akwenów głębokich można obliczyć za pomocą następującego wzoru:

$$T_X = 0.0999 \cdot \frac{D \cdot V_o^3}{\eta \cdot \eta_g \cdot N_G} \qquad (62)$$

Gdzie:

$D$= Wyporność statku wyrażona w tonach, [t],

$\eta$= sprawność napędowa określająca stosunek mocy holowania $N_o$ do mocy doprowadzonej $N_d=N_S$ ($N_d$=oznaczenie polskojęzyczne);

$\eta_g$= sprawność przeniesienia $\eta_w=\eta_g$ określająca stosunek mocy doprowadzonej $N_d = N_S$ do mocy wytworzonej $N_W = N_G$; ($\eta_w$, $N_d$, $N_G$ = oznaczenia polskojęzyczne);

$N_G$= moc wytworzona ($N_W = N_G$) wyrażana w KM (ang. BHP=745.6999 W), [BHP];

Inną metodą empiryczną określającą przybliżoną drogę ($AD_{max}= d_{stop}$) oraz czas zatrzymywania wymuszonego ($t_{stop}$) manewrem z Cała Naprzód-Całą Wstecz (tzw. *Crash Stop= FAH→FAS*) słuszną dla statków mniejszych, jest zależność

$$AD_{\max} = d_{stop} = T_X \cdot \ln\left(1 + \frac{952.74 \cdot V_o^2}{n_{\text{rpm}}^2 \cdot K_S}\right) \quad [\text{m}] \qquad (63)$$

$$t_{stop} = \frac{2 \cdot T_X}{n_{\text{rpm}} \cdot \sqrt{K_S}} \cdot \text{arc tg}\left(\frac{30.8666 \cdot V_o}{n_{rpm} \cdot \sqrt{K_S}}\right) \quad [\text{min}] \qquad (64)$$

Gdzie:

$d_{stop}$= droga potrzebna do całkowitego zatrzymania się statku, [m];

$t_{stop}$= Okres czasu wyrażony w minutach, potrzebny do całkowitego zatrzymania statku, [min];

$n_{rpm}$= Liczba obrotów śruby napędowej statku pracującej za rufą w jednostce czasu na minutę, [RPM];

$Ks$= współczynnik charakteryzujący stosunek siły naporu śruby pracującej wstecz do siły oporu kadłuba:

$$K_S = \frac{\gamma \cdot K_T \cdot D_{\text{sp}}^4}{k} \qquad (65)$$

$$K_T = 0.23125 + 0.37 \cdot \left(\frac{H_{\text{sp}}}{D_{\text{sp}}} - 0.8\right) \qquad (66)$$

$$k' = \frac{550.8658}{V_o^3} \cdot \eta \cdot \eta_g \cdot N_G \qquad (67)$$

Gdzie:

$\gamma$ = gęstość wody wyrażana w tonach na metr sześcienny [t/m3]; Dla wody słodkiej w temperaturze 4 °C wartość referencyjna to $\gamma$ = 1.00 t/m3. Dla wody słonej wartość referencyjna to $\gamma$ = 1.025 t/m3;

$D_{sp}$= średnica śruby okrętowej wyrażona w metrach, w literaturze polskojęzycznej wielkość oznaczana symbolem: $D_{śr}= D_{sp}$, [m];

$K_T$ = bezwymiarowy współczynnik naporu śruby;

$H_{sp}$= skok nastawy płatów okrętowej śruby napędowej wyrażony w metrach, $H_{sp}= H_{śr}$, [m];

$k'$= bezwymiarowy współczynnik proporcjonalności oporu według wzoru (67).

W przypadku manewru swobodnego zatrzymania bezwładnościowego dla statku poruszającego się z prędkością początkową ($Vo$) różną od prędkości manewrowej pełna naprzód ($V_{FAH}$), przybliżony czas ($t_m$) manewru swobodnego zatrzymania można określić na podstawie wzoru:

$$t_m = \frac{V_o}{V_{FAH}} \cdot t_{mFAH\text{-}Stop} \quad [\text{min}] \quad (68)$$

Gdzie:

$V_o$= początkowa prędkość statku względem wody wyrażana w węzłach, $V_o$=$STW_o$, [kn];

$V_{FAH}$= prędkość statku cała naprzód manewrowa określana względem wody, wyrażona w węzłach, $V_{FAH}$=$STW_{FAH}$ [kn];

$t_{m\,FAH\text{-}Stop}$= czas potrzebny na wykonanie manewru swobodnego zatrzymywania statku metodą bezwładnościową liczony dla prędkości początkowej cała naprzód manewrowa FAH-Stop, [min].

W praktyce jednak czasy trwania manewrów zatrzymania statku w ruchu ($t_{stop}$), czasy potrzebne na zredukowanie prędkości statku ($t_n$) oraz czasy potrzebne na wykonanie odpowiednich manewrów zmiany kursu statku ($t_m$) odczytuje się bezpośrednio z danych manewrów statku, a w szczególności danych karty pilotowej (*Pilot Card*), wykresów cyrkulacji (*Turning Circle Diagram*) oraz innych danych manewrowych statku (*Wheelhouse Posters, Manoeuvring Data*). W sposób analogiczny z wymienionej dokumentacji manewrowej statku można też odczytać wartości maksymalnych przemieszczeń czołowych ($PC_{max}$=$AD_{max}$) (ang. *Advance*) oraz maksymalnych przemieszczeń bocznych statku ($PB_{max}$=$TR_{max}$) (ang. *Transfer*) szacowanych dla różnych manewrów statkiem, a w szczególności podczas jego zatrzymywania i/lub zmiany kierunku jego ruchu (zmiany kursów na cyrkulacji). Orientacyjne wartości maksymalnych przemieszczeń czołowych ($AD_{max}$) określanych wzdłuż osi OX, oraz bocznych ($TR_{max}$) określanych wzdłuż osi OY, można otrzymać również na podstawie danych zestawionych w tabeli 1 oraz tabelach od 14 do 17.

Biorąc pod uwagę manewry cyrkulacji określane dla przeciętnych statków handlowych, w praktyce przyrównuje się wartości maksymalnych przemieszczeń bocznych statku ($TR_{max}$) ustalanych zazwyczaj na poziomie wartości od 3 do 4.5 wielokrotności długości jego kadłuba ($L$), z wartościami średnicy cyrkulacji taktycznej statku ($D_t$) liczonymi dla jego środka ciężkości G i w związku z tym zwiększanymi o wartość od 2 do 3 wielokrotności wartości szerokości jego kadłuba ($B$).

Przy czym maksymalne przemieszczenie boczne ($TR_{max}$) analizowane po stronie w kierunku wykonywanej cyrkulacji statku, przyjmuje zwykle wartości rzędu: ($TR_{max}=4.5 \cdot L+1.5 \cdot B$), natomiast po stronie przeciwnej, w kierunku tzw. przemieszczeń ujemnych statku ($PU=TR_{neg}= Kick$), przyjmuje ono wartości rzędu: ($TR_{neg}=1.5 \cdot B$).

Biorąc natomiast pod uwagę manewr tzw. zatrzymania stopniowego statku, wyposażonego w stałą śrubę napędową prawoskrętną FPP (ang. *Clockwise Fix Pitch Propeller*), realizowanego poprzez wymuszoną pracę silnika cała wstecz FAS (ang. *Full Astern)* przy płetwie steru w pozycji neutralnej ($\alpha=0°$) (ang. *Rudder Amidships*), pożądane wartości parametru $TR_{max}$ (liczone na kierunkach prostopadłych do pierwotnej linii kursu) przyjmują zazwyczaj wartości rzędu od 1.5 do 2 wielokrotności parametru długości statku ($L$) po burcie prawej ($TR_{max} \approx (1.5 \sim 2) \cdot L$) oraz wartości rzędu połowy długości statku ($L$) liczone w kierunku burty lewej ($TR_{neg} \approx 0.5 \cdot L$).

Warto tu również zaznaczyć, że na statkach wyposażonych w stałą śrubę napędową FPP prawoskrętną (*Clockwise*) przy pracy silnika wstecz, wał napędowy zaczyna obracać się w kierunku przeciwnym do ruchu wskazówek zegara wywołując tym samym efekt ruchu obrotowego statku w kierunku prawoskrętnym. W efekcie tego rufa statku przesuwa się w kierunku na lewo, a jego dziób odchylany jest na prawo.

Warto tu również dodać, że w każdym analizowanym przypadku na statek oddziaływają również inne zakłócenia zewnętrzne, w tym te od wiatru, prądu i fali.

W praktyce wartość **poprawki na wiatr $\alpha$** (ang. *leeway angle*), w literaturze polskojęzycznej nazywanej 'dryfem statku', określa się porównując kierunek *CTW* (pol. *KDw*) śladu torowego statku (ang. *water track, wake*) z kierunkiem *°TC* (pol. *KR*) ustalonym przez wzdłużną oś jego symetrii (ang. *heading*). Poprawkę na wiatr $\alpha$ można również obliczyć za pomocą następującej zależności:

$$\alpha = arcsin\left(0.045 \cdot \sqrt{\frac{F_a}{F_w} \cdot \frac{W_s}{V_s}} \cdot sin\,(W_D - °TC)\right) \quad [°] \quad (69)$$

Gdzie:

$\alpha$ = poprawka na wiatr (ang. *Leeway Angle= Correction for Wind Effect*), w Polsce nazywana kątem dryfu, wyrażona w stopniach miary kątowej, [ °];

$F_a$= powierzchnia boczna nawiewu (z ang. *lateral air side surface*), powierzchnia boczna nadwodnej części kadłuba wyrażana w metrach kwadratowych, [m$^2$];

$F_w$= powierzchnia boczna przekroju wzdłużnego podwodnej części kadłuba statku, wyrażana w metrach kwadratowych, [m$^2$];

$Vs$= prędkość wzdłużna statku wyrażana w węzłach mierzona względem lustra wody, dla uproszczenia możemy więc założyć $Vs \approx STW$, [kn];

$W_S$= prędkość oddziaływania wiatru rzeczywistego (ang. *Wind Speed True)*, wyrażana w węzłach prędkości, [kn];

$W_D$= kierunek działania wiatru rzeczywistego (ang. *Wind Direction True*), wyrażany w stopniach miary kątowej, [ °];

$°TC$= kurs rzeczywisty statku wyrażony w stopniach miary kątowej, [ °].

Wartość **poprawki na prąd $\beta$** (ang. *Drift Angle = Correction for Water Flow / Total Current*), w literaturze polskojęzycznej nazywana 'znosem statku', można określić poprzez porównanie kąta drogi statku nad dnem *COG* (pol. *KDd*) z kątem drogi statku po wodzie *CTW* (pol. *KDw*). Kierunek kąta drogi statku nad dnem *COG=KDd* wyznaczony jest przez linię łącząca kolejne pozycje obserwowane statku. Kąt drogi statku po wodzie *CTW=KDw* określony jest natomiast przez linię wyznaczoną przez ślad torowy statku oraz położenie poszczególnych jego pozycji zliczonych *DR* uzyskanych z pomiaru drogi statku po wodzie $D_w$ zmierzonej logiem i/lub obliczonej na podstawie pomiaru prędkości po wodzie $V_S$=*STW* oraz okresu czasu $\Delta T$. Wartość poprawki na prąd $\beta$ można także obliczyć przy pomocy następującego wzoru:

$$\beta = arctan\left(\frac{V_S}{WF_s \cdot sin(WF_D - CTW)} + ctg(WF_D - CTW)\right) \quad [°] \quad (70)$$

Gdzie:

$\beta$ = poprawka na sumaryczny prąd (ang. *Drift Angle = Correction for Water Flow Effect (Current + Tide Stream + Impact from Ocean Waves)*), w Polsce nazywana kątem znosu, wyrażana w stopniach miary kątowej, [ °];

$Vs$ = prędkość wzdłużna statku wyrażona w węzłach mierzona względem wody, dla uproszczenia możemy założyć $Vs \approx Vw = STW$, $\overrightarrow{V_w} = [CTW, STW]$ [kn];

$WF_S$ = prędkość sumarycznego prądu wodnego (ang. *Water Flow Speed*) będąca sumą prądów morskich (*Sea Current*), prądów rzecznych (*River Current*) oraz prądów pływowych (*Tide Stream*), wyrażana w węzłach (morskich jednostkach prędkości), [kn];

$WF_D$ = kierunek sumarycznego wektora prądu wodnego (ang. *Water Flow Direction*) będący wypadkową sumy wektorów prądu morskiego (*Sea Current*), prądu rzecznego (*River Current*) oraz prądu pływowego (*Tide Stream*). Wartość wyrażona w stopniach miary kątowej, [ °];

$CTW$ = z ang. *Course Through Water*, kąt drogi statku po wodzie, wyrażany w stopniach miary kątowej, [°].

**Obliczanie sumarycznego kąta znosu $\beta$ (ang. *Drift Angle*) dla mniejszych kątów** (do maksymalnie 30°) jest dość proste (przy znajomości techniki), o ile nasz statek jest wyposażony w log dopplerowski i/lub inne urządzenie, które umożliwi nam pomiar wartości prędkości wzdłużnych statku oraz jego prędkości poprzecznych. Dowód postawionej hipotezy może być przeprowadzony tylko poprzez proste obliczenia trygonometryczne, które wszystkim nawigatorom powinny być dobrze znane.

W praktyce jednak sumaryczny kąt znosu od prądu (*Drift Angle*) może być również dość poprawnie oszacowany bez użycia kalkulatorów, komputerów, tabel logarytmicznych itp., o ile założymy, że obliczany kąt znosu $\beta$ jest niewielki. W takich przypadku, zamiast obliczeń trygonometrycznych można zastosować technikę mnożenia przez 60:

$$\beta = arctan\left(\frac{Drift}{V_s'}\right) \approx \frac{Drift \cdot 60}{V_s'} \qquad [°] \qquad (71)$$

Gdzie:

$\beta$ = poprawka na sumaryczny prąd (ang. *Drift Angle*), wyrażana w stopniach miary kątowej, [ °];

$V_s'$= wartość wzdłużnej prędkości statku (na osi OX), odczytana np. z logu dopplerowskiego. Może to być prędkość *SOG* lub *STW*, zalecane *SOG*, [kn],

*Drift*= oznacza sumaryczną wartość wektora prędkości prądu (a niekiedy również i wiatru) wyrażoną w węzłach. W literaturze anglojęzycznej: *Drift*= $V_{SD}$ [kn], $\overrightarrow{V_{SD}} = [Set, Drift]$. Sumaryczny wektor prądu (*total current=water flow*) jest natomiast sumą wektorów prądu morskiego (*sea current*), rzecznego (*river current*) i prądu pływowego (*tide stream*). W literaturze polskojęzycznej wielkość ta oznaczana jest symbolem *Vp*= $V_{SD}$, gdzie wektor $\overrightarrow{V_p} = [Kp, Vp]$, definiuje kierunek prądu (*Kp*) oraz prędkość prądu (*Vp*).

W praktyce wpływ oddziaływania prądu na statek utożsamiany jest również z tzw. prędkością boczną 'spychania' statku z wyznaczonego kursu (ang. *drift*), mierzonej na dziobie i rufie statku, gdzie prąd działający w kierunku do prawej burty z definicji jest traktowany jako dodatni, a prąd działający w kierunku do lewej burty jako ujemny. Średnia wartość prądu (ang. *drift*) jest sumą wartości zmierzonych na dziobie i rufie podzieloną przez 2. Na logu dopplerowskim może to być *SOG* lub *STW*, zalecane *SOG* zarejestrowane w kierunkach bocznych i wyrażone w węzłach.

Reasumując powyższe, mając na względzie ograniczony charakter niniejszej pracy oraz dość złożoną postać wzorów na rzeczywiste parametry domeny statku $SD_L$ i $SD_W$, które są funkcją wielu zmiennych powiązanych ze sobą (np. poprzez postać wielomianów wyższego rzędu oraz parametry złożonych funkcji trygonometrycznych) uzależnionych zwykle od wektora prędkości statku *V* (w tym wartości jego szybkości), wyprowadzenie jednoznacznych wzorów dla $V_X$ i $V_Y$ zostanie tu pominięte.

Podjęcie takiego działania wymagałoby bowiem przeprowadzenia odrębnych badań związanych z szeroko zakrojoną analizą manewrowości statku przeprowadzoną w różnych akwenach żeglownych przy oddziaływaniu różnych czynników zewnętrznych, których analiza w niniejszej pracy zostanie pominięta.

Bezpieczną prędkość statku $V_X$ i $V_Y$ można jednak oszacować z wystarczającą dokładnością stosując wyprowadzone przez autora (2000) [19] wzory uproszczone na długość domeny statku $SD_L$ i szerokość domeny statku $SD_W$ stosując przy tym metodę obliczeniową tzw. kolejnych przybliżeń dla zmiennych parametrów *V*. W praktyce można także wykorzystać dostępne aplikacje i/lub algorytmy komputerowe, w tym np.

zastosować funkcję '*Solver*' dostępną w nowoczesnych kalkulatorach programowalnych oraz standardowym oprogramowaniu komputerowym, np. w pakiecie *Microsoft Office- Microsoft Excel.*

W tabelach 18 i 19 przedstawiono wartości bezpiecznej prędkości statku $V_X$ i $V_Y$ uzyskane metodą numeryczną przy użyciu programowalnego kalkulatora HP-48GX.

Wartości granicznych bezpiecznych prędkości statku $V_X$ i $V_Y$ oszacowano dla jednostek VLCC Warta i ULCC Blue Lady manewrujących w akwenie ograniczonym szerokością $b$= 300 m, głębokością $h$= 25 m, przy działaniu fali o wysokości $h_f$= 0.2 m oraz zakłóceniach zewnętrznych (od prądu, wiatru i fali) o kierunku *Set=120°* i prędkości *Drift*= 1.5 kn, zakładając przy tym zmienną odległość do najbliższego niebezpieczeństwa nawigacyjnego $d_N$ każdorazowo przyrównywaną do wartości pożądanych parametrów domeny statku: $SD_L$ i/lub $SD_W$.

**Tabela 18.** Przykładowe wartości granicznych bezpiecznych prędkości statku $V_{XLF}$ oszacowane dla jednostek VLCC Warta i ULCC Blue Lady manewrujących w akwenie ograniczonym przy zakładanej zmiennej odległości do najbliższego niebezpieczeństwa nawigacyjnego $d_N$ przyrównywanego do pożądanej wartości długości domeny statku przed dziobem $SD_{LF}$. Źródło: Badania własne autora.

| Przyjęta metoda obliczeniowa dla $SD_L$ | | **VLCC WARTA** D=176967t, B=48m, $L_{RD}$=250m, L=293m, T=15.5 m, HHP=55 m, $C_B$= 0.844, 29000 HP, 122 RPM | | | | | **ULCC BLUE LADY** D= 323660 t, B=57 m, $L_{RD}$=285m, L=331 m, T=20.6 m, HHP=75m, $C_B$= 0.79, 27000 HP, 85 RPM | | | | |
|---|---|---|---|---|---|---|---|---|---|---|---|
| Pożądany $SD_{LF}$ | | **500 [m]** | **750 [m]** | **1000 [m]** | **1250 [m]** | **1500 [m]** | **535 [m]** | **750 [m]** | **1000 [m]** | **1250 [m]** | **1500 [m]** |
| $V_{XLF}$ [kn] | FAH-FAS | *0.0* | *2.8* | *4.5* | *5.8* | *6.8* | *0.0* | *2.2* | *3.7* | *4.8* | *5.7* |
| | FAH-STOP | *0.0* | *0.8* | *1.4* | *1.9* | *2.3* | *0.0* | *0.7* | *1.3* | *1.8* | *2.2* |
| *UWAGA:* Parametry akwenu: szerokość $b$= 300 m, głębokość $h$= 25 m, parametry fali: $h_f$= 0.2 m, parametry wektora zakłóceń zewnętrznych od odziaływania prądu i wiatru: kierunek zakłóceń (ang. *Set*) =*120°*, szybkość zakłóceń (ang. *Drift*) = 1.5 kn, odległość do najbliższego niebezpieczeństwa $d_N$ jest zmienna i przyrównywana do pożądanej wartości parametru długości domeny statku przed dziobem $SD_{LF}$= $d_N$. | | | | | | | | | | | |

**Tabela 19.** Przykładowe wartości granicznych bezpiecznych prędkości statku $V_{YWP}$ i $V_{YWS}$ obliczone dla jednostek VLCC Warta i ULCC Blue Lady manewrujących w akwenie ograniczonym przy zakładanej zmiennej odległości do najbliższego niebezpieczeństwa nawigacyjnego $d_N$ przyrównywanego do pożądanej wartości szerokości domeny statku analizowanej po lewej $SD_{WP}$ i/lub prawej burcie statku $SD_{WP}$. Źródło: Badania własne autora.

| Przyjęta metoda obliczeń dla $SD_W$ | | **VLCC WARTA** D=176967t, B=48m, $L_{RD}$=250m, L=293m, T=15.5 m, HHP=55 m, $C_{B=}$ 0.844, 29000 HP, 122 RPM | | | | | | **ULCC BLUE LADY** D= 323660 t, B=57 m, $L_{RD}$=285m, L=331 m, T=20,6 m, HHP=75m, $C_{B=}$ 0.79, 27000 HP, 85 RPM | | | | | |
|---|---|---|---|---|---|---|---|---|---|---|---|---|---|
| Pożądane $SD_{WS}$ | | **286 [m]** | **500 [m]** | **1000 [m]** | **1500 [m]** | **1750 [m]** | **2000 [m]** | **297 [m]** | **500 [m]** | **1000 [m]** | **1500 [m]** | **1750 [m]** | **2000 [m]** |
| $V_{YS}$ [kn] | Turn Circle | *0.0* | *0.0* | *0.0* | *0.0* | *6.8* | *18.5* | *0.0* | *0.0* | *0.0* | *0.0* | *0.0* | *7.8* |
| | FAH-FAS | *0.0* | *6.5* | *28.8* | *49.2* | *59.2* | *69.1* | *0.0* | *3.9* | *22.7* | *39.9* | *48.4* | *56.8* |
| | FAH-STOP | *0.0* | *3.0* | *9.4* | *15.6* | *18.8* | *21.9* | *0.0* | *4.4* | *9.1* | *15.3* | *18.3* | *21.4* |
| Pożądany $SD_{WP}$ | | **286 [m]** | **400 [m]** | **500 [m]** | **750 [m]** | **1000 [m]** | **1250 [m]** | **297 [m]** | **400 [m]** | **500 [m]** | **750 [m]** | **1000 [m]** | **1250 [m]** |
| $V_{YP}$ [kn] | Turn Circle | *0.0* | *5.1* | *10.3* | *21.5* | *31.9* | *42.1* | *0.0* | *2.9* | *3.9* | *16.8* | *25.5* | *34.1* |
| | FAH-FAS | *0.0* | *0.0* | *0.0* | *4.0* | *16.4* | *27.0* | *0.0* | *0.0* | *0.0* | *0.0* | *10.9* | *19.9* |
| | FAH-STOP | *0.0* | *1.7* | *3.0* | *6.2* | *9.4* | *12.5* | *0.0* | *1.5* | *4.4* | *6.0* | *9.1* | *12.2* |

*UWAGA:* Parametry akwenu: szerokość *b*= 300 m, głębokość *h*= 25 m, parametry fali: $h_f$= 0.2 m, parametry wektora zakłóceń zewnętrznych od odziaływania prądu i wiatru: kierunek zakłóceń (ang. *Set*) =*120°*, szybkość zakłóceń (ang. *Drift*) = 1.5 kn, odległość do najbliższego niebezpieczeństwa $d_N$ jest zmienna i przyrównywana do pożądanej wartości parametru szerokości domeny statku po lewej $SD_{WP}$= $d_N$ i prawej burcie statku $SD_{WS}$= $d_N$.

## 11. Ustalenie bezpiecznej prędkości statku w oparciu o współczynnik ryzyka nawigacyjnego $R_N$ zależy od przyjętego modelu domeny statku

Do określenia bezpiecznej prędkości statku w oparciu o wskaźnik ryzyka nawigacyjnego $R_N$ wykorzystamy dane zestawione w tabelach 20 i 21, dla opisanego wcześniej przestrzennego modelu domeny statku 3D opisanego w układzie (XYZ).

Powyższe dane zostały oszacowane z wykorzystaniem autorskiego modelu domeny statku (2000) [19] oraz wyników jego badań opisanych np. w pracy (2016) [22], które przeprowadzono dla kontenerowców klasy E typu 'Emma Maersk' podczas ich manewrowania po torze wodnym wschodnim prowadzącym do terminala DCT Gdańsk Port Północny przy oddziaływaniu różnych warunków zewnętrznych (przeciętnych i ekstremalnych) oraz różnych stanów ich załadowania.

Tor wodny wschodni prowadzący do terminala DCT Gdańsk Port Północny uznawany jest za akwen ograniczonych (pogłębiony tor wodny) o szerokości nawigacyjnej b= 350 metrów, głębokości nawigacyjnej h= 17 m i jest on ustawiony wzdłuż linii nabieżnika o kierunku= 253.6°- 073.6°.

Wyniki tak oszacowanego ryzyka nawigacyjnego $R_N$ przedstawione zostaną jako wartości współczynników liczbowych z przedziału od 0 do 1 i zostaną one wykorzystane do ogólnej oceny ryzyka nawigacyjnego w akwenie, a w konsekwencji również do oszacowania wartości granicznych bezpiecznych (dopuszczalnych) prędkości statku.

Z definicji ryzyka nawigacyjnego (2000) [19] wiemy, że jeżeli wartość ryzyka pochodzącego od czynników $A_i$ (obiektów) wynosi 0, oznacza to pełne bezpieczeństwo nawigacyjne względem tych czynników (obiektów). Analogicznie, im większe jest ryzyko (gdy parametr $R_N$ zbliża się do wartości 1), tym mniejsze jest bezpieczeństwo nawigacyjne ($B_N$) → ($R_N + B_N = 1$; $B_N = 1 - R_N$). Jeżeli zatem wskaźnik wartości ryzyka nawigacyjnego osiągnie wartość $R_N = 1$ oznaczać to będzie zaistnienie takich warunków i/lub okoliczności, które uniemożliwią prowadzenie bezpiecznej nawigacji i mogą oznaczać np. 100% prawdopodobieństwo zaistnienia kolizji.

**Tabela 20**. Parametry domeny statku określone dla kontenerowca klasy E 'Emma Maersk' dla różnych nastaw silnika i stanu załadownia na wschodnim głębokowodnym torze podejściowym do terminala DCT Gdańsk. Źródło: Badanie własne autora.

| *Dane statku: długość LOA=397.60 m, szerokość B= 56.40 m, $C_B$=0.598, wysokość $H_{HP}$= 73.0 m, Parametry toru wodnego: szerokość b= 350 m, głębokość h = 17.0 m; kierunek 253.6°-073.6°, °TC=254°, Ho= 65 m (most Oster-Render)* | | | | | | | | | | | | | | |
|---|---|---|---|---|---|---|---|---|---|---|---|---|---|---|
| **Nastawa silnika** | **STAN ZAŁADOWANY:** *D=156907 t, $T_F$= 14.50 m, $T_A$= 14.50 m,* $\Delta T_\theta$= ±0.49m *dla θ=±1° oraz* $\Delta T_\theta$= ±2.40m *dla θ=±5°* | | | | | | | **STAN POD BALASTEM:** *D=122219 t, $T_F$=7.10 m, $T_A$= 10.80 m,* $\Delta T_\theta$=±0.49m *dla θ=±1° i* $\Delta T_\theta$=±2.42m *dla θ= 5°* | | | | | | |
| | V [kn] | SDD [m] | SDH [m] | $SD_{LF}$ [m] | $SD_{LA}$ [m] | $SD_{WP}$ [m] | $SD_{WS}$ [m] | V [kn] | SDD [m] | SDH [m] | $SD_{LF}$ [m] | $SD_{LA}$ [m] | $SD_{WP}$ [m] | $SD_{WS}$ [m] |
| **Warunki przeciętne:** widzialność dobra, morze spokojne $h_f \leq$ 1 m, wiatr umiarkowany 3-4°B, prąd o prędkości $v_p \leq$ 1 kn i kierunku 090°, pionowe oscylacje lustra wody określone względem zera mapy (*Chart Datum*=MSL) nieprzekraczające ± 0.10 m ($h_1$= 16.90m); gęstość wody $\gamma_1$= 1.00525 g/cm³, dryf statku α nieprzekraczający ±1°, maksymalne myszkowanie Δ do ±1°, przechył boczny α do ±1°, zanurzenie w powietrzu = $H_N$= 63.74 m dla przechyłu bocznego θ=0°. | | | | | | | | | | | | | | |
| **SFAH** | **25.7** | *22.32* | *57.47* | *7840* | *572* | *88* | *1398* | **27.5** | *17.88* | *62.91* | *5458* | *600* | *152* | *953* |
| **FAH** | **16.4** | *19.18* | *59.00* | *4779* | *429* | *60* | *1291* | **18.1** | *15.09* | *64.26* | *3358* | *455* | *106* | *875* |
| **HAH** | **12.4** | *18.28* | *59.44* | *2987* | *367* | *51* | *947* | **14.1** | *14.27* | *64.65* | *2210* | *393* | *95* | *668* |
| **SAH** | **8.6** | *17.68* | *59.73* | *1118* | *308* | *75* | *193* | **9.7** | *13.63* | *64.97* | *897* | *325* | *94* | *149* |
| **DSAH** | **6.0** | *17.40* | *59.87* | *868* | *268* | *73* | *136* | **6.8** | *13.34* | *65.10* | *708* | *281* | *83* | *109* |
| **STOP** | **0.0** | *17.15* | *59.99* | *272* | *205* | *114* | *114* | **0.0** | *13.08* | *65.23* | *272* | *205* | *114* | *114* |
| **Warunki ekstremalne:** widzialność umiarkowana, miejscami ograniczona, morze nieco wzburzone ($h_f \approx$ 3 m), wiatr do 6-7°B, prąd o prędkości $v_p \approx$ 3 kn i kierunku prostopadłym do osi toru (344°), pionowe oscylacje lustra wody określone względem zera mapy (*Chart Datum*=MSL) do ±0.60 m ($h_2$=16.40 m), gęstość wody $\gamma_2$= 1,00250 g/cm³, dryf statku α do ±2°, myszkowanie Δ do ±2°, przechył boczny θ do ±5°, zanurzenie w powietrzu = $H_N$= *64*,24 m dla przechyłu θ=±1°. | | | | | | | | | | | | | | |
| **SFAH** | **25.7** | 26.39 | 59.32 | 8453 | 587 | 2216 | 3526 | **27.5** | 22.05 | 64.79 | 5851 | 615 | 1529 | 2330 |
| **FAH** | **16.4** | 22.86 | 60.89 | 5226 | 444 | 1634 | 2865 | **18.1** | 18.84 | 66.17 | 3662 | 470 | 1188 | 1957 |
| **HAH** | **12.4** | 21.85 | 61.34 | 3348 | 382 | 1341 | 2237 | **14.1** | 17.90 | 66.57 | 2445 | 408 | 950 | 1523 |
| **SAH** | **8.6** | 21.17 | 61.64 | 1282 | 323 | 712 | 829 | **9.7** | 17.16 | 66.89 | 1014 | 340 | 561 | 616 |
| **DSAH** | **6.0** | 20.85 | 61.78 | 980 | 283 | 546 | 610 | **6.8** | 16.82 | 67.03 | 790 | 296 | 449 | 475 |
| **STOP** | **0.0** | 20.57 | 61.90 | 257 | 191 | 271 | 271 | **0.0** | 16.52 | 67.16 | 257 | 191 | 271 | 271 |
| *UWAGA: W niniejszej pracy przyjęto następujące parametry i współczynniki: n= 1.1, m= 1.0, k=0.66, $s_L$= 1.0, $s_W$= 1.0, $r_L$= 1.0, $r_W$ = 1.0, L=397.6 m; ΔL=25 m; B=56.40 m; ΔB=25 m; $L_{RF}$= 232 m; $L_{AHp} \approx L-L_{RF}$=165.6 m, $t_r$ = 0.5 min; Hc=76.5 m; p=1.0 dla statku w stanie załadowanym i balastowym (ładunek nieszkodliwy). Moc maszyny= 80080 kW (108877 KM), współczynnik pełnotliwości kadłuba $C_B$ =δ= 0.598. W kalkulacjach przyjęto, że statek będzie poruszał się bez pomocy holownika w osi toru wodnego. Założono również, że w sytuacji awaryjnej statek wytracał będzie swoją prędkość manewrem awaryjnego zatrzymania się poprzez pracę silnika cała wstecz.* | | | | | | | | | | | | | | |

W niniejszej pracy ocena ryzyka nawigacyjnego $R_N$ zostanie oszacowana za pomocą następujących wzorów:

$$R_{ND} = \begin{cases} 0 & \text{gdy} \quad h > SD_D \\ \dfrac{SD_D - h}{SD_D - T_{max}} & \text{gdy} \quad T_{max} < h \leq SD_D \\ 1 & \text{gdy} \quad h \leq T_{max} \end{cases} \tag{72}$$

$$R_{NH} = \begin{cases} 0 & \text{gdy} \quad H_o > SD_H \\ \dfrac{SD_H - H_o}{SD_H - H_N} & \text{gdy} \quad H_N < H_o \leq SD_H \\ 1 & \text{gdy} \quad H_o \leq H_N \end{cases} \tag{73}$$

$$R_{NLF} = \begin{cases} 0 & \text{gdy} \quad d_{NF} > SD_{LF} \\ \dfrac{SD_{LF} - d_{NF}}{SD_{LF} - L_{RF}} & \text{gdy} \quad L_{RF} < d_{NF} \leq SD_{LF} \\ 1 & \text{gdy} \quad d_{NF} \leq L_{RF} \end{cases} \tag{74}$$

$$R_{NLA} = \begin{cases} 0 & \text{gdy} \quad d_{NA} > SD_{LA} \\ \dfrac{SD_{LA} - d_{NA}}{SD_{LA} - (L - L_{RF})} & \text{gdy} \quad (L - L_{RF}) < d_{NA} \leq SD_{LA} \\ 1 & \text{gdy} \quad d_{NA} \leq (L - L_{RF}) \end{cases} \tag{75}$$

$$R_{NWP} = \begin{cases} 0 & \text{gdy} \quad d_{NP} > SD_{WP} \\ \dfrac{SD_{WP} - d_{NP}}{SD_{WP} - 0.5 \cdot B} & \text{gdy} \quad \dfrac{B}{2} < d_{NP} \leq SD_{WP} \\ 1 & \text{gdy} \quad d_{NP} \leq \dfrac{B}{2} \end{cases} \tag{76}$$

$$R_{NWS} = \begin{cases} 0 & \text{gdy} \quad d_{NS} > SD_{WS} \\ \dfrac{SD_{WS} - d_{NS}}{SD_{WS} - 0.5 \cdot B} & \text{gdy} \quad \dfrac{B}{2} < d_{NS} \leq SD_{WS} \\ 1 & \text{gdy} \quad d_{NS} \leq \dfrac{B}{2} \end{cases} \tag{77}$$

Gdzie:

$R_{ND}$ = wprowadzona przez autora wielkość bezwymiarowa opisująca składową ryzyka nawigacyjnego $R_N$ od zachowania wymaganej rezerwy głębokości mierzonej wzdłuż osi OZ w dół od aktualnej wodnicy pływania (znacznik *D=Depth*). Parametr ten opisuje ryzyko nawigacyjne (szacowane w skali od 0 do 1) związane z możliwością uderzenia kadłubem statku o dno, jeśli nie będzie tam zachowana bezpieczna głębokość akwenu z oszacowanym wcześniej wymaganym prześwitem wody pod stępką statku $UKC_R$ (ang. *Adequate Depth with Required Under Keel Clearance*);

$R_{NH}$ = wielkość bezwymiarowa opisująca składową ryzyka nawigacyjnego $R_N$ od zachowania wymaganej rezerwy wysokości mierzonej wzdłuż osi OZ w górę od aktualnej wodnicy pływania (znacznik *H=Height*). Parametr ten opisuje ryzyko nawigacyjne (szacowane w skali od 0 do 1) związane z możliwością uderzenia kadłubem statku (uwzględniając tu przewożony i/lub holowany przez statek ładunek) o konstrukcję mostu lub inną zawieszoną przeszkodę na trasie przejścia statku, jeśli nie będzie tam zachowana wymagana rezerwa wysokości ($ADT+OHC_R<$ CVC), $OHC_R$=*Required Overhead Clearance*;

$R_{NLA}$= wielkość bezwymiarowa opisująca składową ryzyka nawigacyjnego $R_N$ od zachowania wymaganej bezpiecznej długości (odległości $d_{NLA}$ do najbliższego niebezpieczeństwa nawigacyjnego umieszczonego wzdłuż osi OX) w kierunku za rufą statku własnego (znacznik *LA= Length Aft Astern*). Parametr ten opisuje ryzyko nawigacyjne (szacowane w skali od 0 do 1) związane z możliwością zderzenia się statku własnego z przeszkodą nawigacyjną usytuowaną w kierunku za statkiem (ang. *Adequate Required Safe Distance from the Nearest Danger Astern of the Ship*);

$R_{NLF}$= wielkość bezwymiarowa opisująca składową ryzyka nawigacyjnego $R_N$ od zachowania wymaganej bezpiecznej długości (odległości $d_{NLF}$ do najbliższego niebezpieczeństwa nawigacyjnego umieszczonego wzdłuż osi OX) w kierunku przed dziobem statku własnego (znacznik *LF= Length Forward*). Parametr ten opisuje ryzyko nawigacyjne (szacowane w skali od 0 do 1) związane z możliwością zderzenia się statku własnego z przeszkodą nawigacyjną usytuowaną w kierunku przed statkiem (ang. *Adequate Required Safe Distance from the Nearest Danger Ahead of the Ship*);

$R_{NWP}$= wielkość bezwymiarowa opisująca składową ryzyka nawigacyjnego $R_N$ od zachowania wymaganej bezpiecznej szerokości (odległości $d_{NWP}$ do najbliższego niebezpieczeństwa nawigacyjnego umieszczonego wzdłuż osi OY) w kierunku na burtę lewą (znacznik *WP= Width Port Side*). Parametr ten opisuje ryzyko nawigacyjne (szacowane w skali od 0 do 1) związane z możliwością zderzenia się statku własnego z przeszkodą nawigacyjną usytuowaną w kierunku po lewej burcie statku (ang. *Adequate Required Safe Distance from the Nearest Danger on Ship's Port Side*);

$R_{NWS}$= wielkość bezwymiarowa opisująca składową ryzyka nawigacyjnego $R_N$ od zachowania wymaganej bezpiecznej szerokości (odległości $d_{NWS}$ do najbliższego niebezpieczeństwa nawigacyjnego umieszczonego wzdłuż osi OY) w kierunku na burtę prawą (znacznik *WS= Width Starboard Side*). Parametr ten opisuje ryzyko nawigacyjne (szacowane w skali od 0 do 1) związane z możliwością zderzenia się statku własnego z przeszkodą nawigacyjną usytuowaną w kierunku po prawej burcie statku (ang. *Adequate Required Safe Distance from the Nearest Danger on Ship's Starboard Side*);

$SD_D$= ang. *Ship's Domain Depth*, głębokość domeny statku wyrażana w metrach liczona wzdłuż osi OY w dół od płaszczy wodnicy pływania (oznaczana niekiedy również symbolem: $G_D$= $SD_D$), [m];

$SD_H$= ang. *Ship's Domain Height*, wysokość domeny statku wyrażana w metrach liczona wzdłuż osi OY w górę od płaszczy wodnicy pływania (oznaczana niekiedy również symbolem: $W_D$= $SD_H$), [m];

$SD_{LA}$= ang. *Ship's Domain Lenght Aft (Astern)*, długość domeny statku liczona w kierunku za rufę. Wielkość wyrażana w metrach, liczona wzdłuż osi OX od centrum układu (rzutu pozycji anteny radarowej na płaszczyznę wodnicy pływania) w kierunku za rufę. W publikacjach polskojęzycznych opisywana również symbolem $D_{Dr}$=$SD_{LA}$, [m];

$SD_{LF}$= ang. *Ship's Domain Lenght Forward*, długość domeny statku liczona w kierunku przed dziobem. Wielkość wyrażana w metrach, liczona wzdłuż osi OX od centrum układu (rzutu pozycji anteny radarowej na płaszczyznę wodnicy pływania) w kierunku przed dziobem statku. W publikacjach polskojęzycznych opisywana jest również symbolem $D_{Ddz}$=$SD_{LF}$), [m];

$SD_{WP}$= ang. *Ship's Domain Width Port Side*, szerokość domeny liczona w kierunku na lewą burtę statku. Wielkość wyrażana w metrach, liczona wzdłuż osi OY na kierunku prostopadłym do linii kursu statku (*TC*= *°TC*=*KR*) w kierunku na jego lewą burtę (ang. *Port Side*). W publikacjach polskojęzycznych oznaczana jest również symbolem $S_{Dl}$ = $SD_{WP}$, [m];

$SD_{WS}$= ang. *Ship's Domain Width Starboard Side*, szerokość domeny liczona w kierunku na prawą burtę statku. Wielkość wyrażana w metrach, liczona wzdłuż osi OY na kierunku prostopadłym do linii kursu statku (*TC*= *°TC*=*KR*) w kierunku na jego prawą burtę (ang. *Starboard Side*). W publikacjach polskojęzycznych oznaczana jest również symbolem $S_{Dp}$= $SD_{WS}$, [m];

$h$= głębokość akwenu wyrażona w metrach, $\bar{h}$ oznacza wartość średnią, [m];

$T_{max}$= maksymalne (statyczne) zanurzenie statku wyrażone w metrach, [m];

$H_o$ = aktualny prześwit wody pod mostem lub inną przeszkodą nadwodną. $H_o$ rozumiane jest jako odległość między poziomem wody a wysokością najbliższych obiektów wiszących nad wodą umieszczonych na trasie przejścia statku. Jeżeli dla mostu lub innej przeszkody prześwit pionowy podany na mapie (CVC) odnosi się do poziomu wody wysokiej, to wówczas należy uwzględnić wysokość pływu i odnieść ten poziom do poziomu CD zera mapy, [m];

$$H_o = CVC \pm \Delta Tide \qquad [m] \qquad (78)$$

*CVC*= z ang. *Charted Vertical Clearance*, czyli zaznaczony na mapach nawigacyjnych prześwit powietrza pod mostem, linią energetyczną lub inną przeszkodą nadwodną. Na wodach pływowych prześwit ten podawany jest zwykle względem poziomu wody wysokiej (np. *HW= High Water, HAT= Highest Astronomical Tide=* Najwyższy Pływ Astronomiczny, *MHWS= Mean High Water Spring=* Średnia Wysoka Woda Syzygijna), na pozostałych akwenach CVC podawany jest zwykle względem średniego poziomu morza (ang. *Mean Sea Level= MSL*), [m];

*ΔTide*= ang. *Tide Correction*, oznacza różnicę pomiędzy aktualnym prześwitem powietrza pod mostem lub inną przeszkodą nadwodną ($H_o$) a prześwitem pionowym (*CVC*) zaznaczonym na mapach nawigacyjnych skorygowanych i odniesionych do tego samego poziomu Zera Mapy (zwykle poziomu *LAT* lub *MSL*), ($\Delta Tide = H_o - CVC$) [m];

$H_N$= wysokość nadwodnej części kadłuba (ang. *Air Draft=ADT=* $H_N$) wyrażona w metrach i liczona od powierzchni wodnicy pływania do najwyższej położonego punktu na statku włączając w to przewożony ładunek, [m];

$d_{NA}$= odległość do najbliższego niebezpieczeństwa wyrażona w metrach liczona wzdłuż linii kursu statku w kierunku za jego rufę, [m];

$d_{NF}$= odległość do najbliższego niebezpieczeństwa wyrażona w metrach liczona wzdłuż linii kursu statku w kierunku przed jego dziobem, [m];

$d_{NP}$= odległość do najbliższego niebezpieczeństwa wyrażona w metrach liczona na kierunku prostopadłym do linii kursu w kierunku za jego lewą burtę, [m];

$d_{NS}$= odległość do najbliższego niebezpieczeństwa wyrażona w metrach liczona na kierunku prostopadłym do linii kursu w kierunku za jego prawą burtę, [m];

*L*= całkowita długość statku wyrażona w metrach odczytywana z danych statku, karty Pilotowej oraz np. systemu AIS: $L= L_c$=*LOA*, [m];

$L_{RF}$= odległość wyrażona w metrach zmierzona pomiędzy rzutem pionowym pozycji anteny radarowej na płaszczyznę wodnicy pływania a dziobem statku. Wielkość uzyskana z danych szczegółowych statku, [m];

*B*= szerokość statku wyrażona w metrach odczytywana z danych statku, karty Pilotowej oraz np. systemu AIS, [m].

Do analizy ryzyka nawigacyjnego w akwenie ograniczonym posłużymy się definicją domeny statku (za [19]) oraz definicją ryzyka nawigacyjnego (za [20]). Następnie na podstawie powyższych informacji wykorzystując model przestrzenny domeny statku (znając jej parametry zestawione w tabeli 20) podejmiemy próbę określenia wartości ryzyka nawigacyjnego w płaszczyźnie pionowej ($R_{ND}$, $R_{NH}$) oraz poziomej ($R_{NLF}$, $R_{NLA}$,

$R_{NWP}$ i $R_{NWS}$) dla kontenerowca klasy E 'Emma Maersk' nawigującego w stanie załadowanym oraz pod balastem (przy działaniu różnych zakłóceń zewnętrznych) po torze wodnym wschodnim prowadzącym do terminala DCT Gdańsk Port Północny, ograniczonym głębokością h=17.0 m ± 0.10 m dla warunków przeciętnych oraz ±0.60 m dla warunków ekstremalnych.

Z definicji domeny (2000) [19] (z jej cechy wyłączności) wynika, że statek będzie bezpieczny, dopóki w obrębie swojej domeny będzie on jedynym obiektem ruchomym lub stałym, stanowiącym (z nawigacyjnego punktu widzenia) jedyne źródło mogące generować tam zagrożenie (w naszych rozważaniach pomija się możliwość zaistnienia innych wypadków morskich niż te, które związane są bezpośrednio z ruchem statku i jego nawigacją).

W odniesieniu do płaszczyzny pionowej OZ lokalnego (statkowego) układu odniesienia (*XYZ*), liczonej w dół od środka tego układu, można jednoznacznie stwierdzić, że statek pozostanie bezpieczny, dopóki wartość głębokości jego domeny $SD_D$ będzie mniejsza od rzeczywistej głębokości akwenu *h*. A zatem składową $R_{ND}$ ryzyka nawigacyjnego $R_N$ (nazwijmy ją składową pionową ryzyka nawigacyjnego od zachowania rezerwy głębokości, lub krócej ryzykiem od zachowania głębokości) można będzie przedstawić za pomocą zależności (72).

Z definicji ryzyka nawigacyjnego (za [20]) wiemy, że jeżeli wartość ryzyka pochodzącego od czynników $A_i$ (obiektów) wynosi 0, oznacza to pełne bezpieczeństwo nawigacyjne względem tych czynników (obiektów). Zatem zgodnie z zależnością (72) warunek ($h>SD_D$) może być definiowany, jako gwarancja bezpiecznej żeglugi statku względem obiektów podwodnych umieszczonych na głębokościach mniejszej od *h*.

Jeżeli głębokość akwenu *h* okazałaby się jednak mniejsza lub równa zanurzeniu statku ($h \leq T_{max}$), to wówczas zgodnie z zależnością (72), realizacja podróży morskiej może okazać się niemożliwa[3] lub wysoce niebezpieczna (ryzykowna). Zaistnienie powyższej sytuacji sprawi zatem, że wartość ryzyka nawigacyjnego $R_{ND}$ wzrośnie do jedności, a to można interpretować jako pewne (stuprocentowe) prawdopodobieństwo

[3] W rozważaniach pomija się możliwość zmniejszenia zanurzenia statku np. przez jego odbalastowanie.

zaistnienia awarii morskiej (wypadku) wskutek uderzenia (kontaktu) z podwodną przeszkodą nawigacyjną umieszczoną na głębokości mniejszej lub równej $h$.

Po przeprowadzeniu dalszej analizy logicznej dla przedstawionej powyżej sytuacji, można wysunąć wniosek, że dla głębokości $h$ ograniczonych przedziałem pomiędzy $T_{max}$ i $SD_D$: ($T_{max} < h \leq SD_D$) ryzyko nawigacyjne $R_{ND}$ będzie przybierać wartości pośrednie z przedziału ($R_{ND} \in [0,1]$), co jasno wyraża część środkowa zależności (72).

Analizę ryzyka nawigacyjnego względem obiektów nadwodnych (zawieszonych nad wodą) można przeprowadzić w sposób analogiczny jak to uczyniono powyżej dla obiektów podwodnych. Składową ryzyka nawigacyjnego $R_{NH}$, nazwijmy ją składową pionową ryzyka nawigacyjnego od zachowania wymaganej rezerwy wysokości lub krócej ryzykiem od zachowania wysokości, można opisać zależnością (73).

Analogicznie, w płaszczyźnie poziomej OX, składowe $R_{NLF}$ i $R_{NLA}$ ryzyka nawigacyjnego $R_N$ (nazwijmy je składowymi poziomymi ryzyka nawigacyjnego od zachowania rezerwy długości lub odległości bezpiecznej odpowiednio przed dziobem ($d_{NF}$) i za rufą statku ($d_{NA}$), albo krócej ryzykiem od zachowania bezpiecznej odległości) można przedstawić za pomocą wzorów (74) i (75).

Interpretacja przywołanych tu wzorów (74) i (75) będzie przebiegać podobnie jak uczyniono to przy omawianiu pionowej rezerwy nawigacyjnej statku. Stąd zgodnie z zależnością (74) warunek ($d_{NF} > SD_{LF}$) oraz zgodnie z zależnością (75) warunek ($d_{NA} > SD_{LA}$) będzie gwarancją bezpiecznej żeglugi statku względem obiektów wykrytych odpowiednio przed dziobem i za rufą statku. Analizując wzór (74) można również zauważyć, że wartość ryzyka nawigacyjnego $R_{NLF}$ zawarta w przedziale od zera do jeden ($R_{NLF} \in [0,1]$) pojawi się dopiero wówczas, gdy odległość $d_{NF}$ okaże się równa lub mniejsza od długości domeny $D_{DLF}$. Przy czym, zaistnienie warunku $d_{NF} < L_{RD}$ oznaczać będzie już zaistnienie kolizji lub prawdopodobieństwo pewne jej zaistnienia (sytuacja wątpliwa dotyczy tylko obiektów ruchomych posiadających własną domenę, o której wartość zmniejszono parametr $d_{NF}$).

**Tabela 21**. Współczynniki ryzyka nawigacyjnego $R_N$ oszacowane dla kontenerowca klasy E 'Emma Maersk' dla różnych nastaw silnika (prędkości statku) i stanu jego załadownia kalkulowane na wschodnim głębokowodnym torze podejściowym do terminala DCT Gdańsk Port Północny. Źródło: Badanie własne autora.

<table>
<tr><td colspan="15">Dane statku: LOA=397.60 m, B= 56.40 m, $C_B$=0,598, $H_{HP}$= 73,00 m, Parametry toru wodnego: b= 350 m, h = 17.0 m; kierunek 253.6°-073.6°,°TC=254°, Ho= 65 m (most Oster-Render)</td></tr>
<tr><td rowspan="3">Nastawa silnika</td><td colspan="7">STAN ZAŁADOWANY: D=156907 t, $T_F$= 14.50 m, $T_A$= 14.50 m, $\Delta T_\theta$= ±0.49m dla θ=±1 ° oraz $\Delta T_\theta$= ±2.40m dla θ=±5 °</td><td colspan="7">STAN POD BALASTEM: D=122219 t, $T_F$=7.10 m, $T_A$= 10.80 m, $\Delta T_\theta$=±0.49m dla θ=±1 ° i $\Delta T_\theta$=±2.42m dla θ= 5 °</td></tr>
<tr><td>V</td><td>$R_{ND}$</td><td>$R_{NH}$</td><td>$R_{NLF}$</td><td>$R_{NLA}$</td><td>$R_{NWP}$</td><td>$R_{NWS}$</td><td>V</td><td>$R_{ND}$</td><td>$R_{NH}$</td><td>$R_{NLF}$</td><td>$R_{NLA}$</td><td>$R_{NWP}$</td><td>$R_{NWS}$</td></tr>
<tr><td>[kn]</td><td>[m]</td><td>[m]</td><td>[m]</td><td>[m]</td><td>[m]</td><td>[m]</td><td>[kn]</td><td>[m]</td><td>[m]</td><td>[m]</td><td>[m]</td><td>[m]</td><td>[m]</td></tr>
<tr><td colspan="15">Warunki przeciętne: widzialność dobra, morze spokojne $h_f$≤ 1 m, wiatr umiarkowany 3-4°B, prąd o prędkości $v_p$ ≤ 1 kn i kierunku 090°, pionowe oscylacje lustra wody określone względem zera mapy (Chart Datum=MSL) nieprzekraczające ± 0.10 m ($h_1$= 16.90m); gęstość wody $\gamma_1$= 1.00525 g/cm$^3$, dryf statku α nieprzekraczający ±1°, maksymalne myszkowanie Δ do ±1°, przechył boczny α do ±1°, zanurzenie w powietrzu = $H_N$= 63.74 m dla przechyłu bocznego θ=0°.</td></tr>
<tr><td>SFAH</td><td>25.7</td><td>0.74</td><td>0.00</td><td>0.91</td><td>0.00</td><td>0.00</td><td>0.91</td><td>27.5</td><td>0.15</td><td>0.00</td><td>0.87</td><td>0.00</td><td>0.04</td><td>0.87</td></tr>
<tr><td>FAH</td><td>16.4</td><td>0.54</td><td>0.00</td><td>0.85</td><td>0.00</td><td>0.00</td><td>0.91</td><td>18.1</td><td>0.00</td><td>0.00</td><td>0.78</td><td>0.00</td><td>0.00</td><td>0.86</td></tr>
<tr><td>HAH</td><td>12.4</td><td>0.42</td><td>0.00</td><td>0.75</td><td>0.00</td><td>0.00</td><td>0.87</td><td>14.1</td><td>0.00</td><td>0.00</td><td>0.65</td><td>0.00</td><td>0.00</td><td>0.81</td></tr>
<tr><td>SAH</td><td>8.6</td><td>0.29</td><td>0.00</td><td>0.22</td><td>0.00</td><td>0.00</td><td>0.28</td><td>9.7</td><td>0.00</td><td>0.00</td><td>0.00</td><td>0.00</td><td>0.00</td><td>0.02</td></tr>
<tr><td>DSAH</td><td>6.0</td><td>0.21</td><td>0.00</td><td>0.00</td><td>0.00</td><td>0.00</td><td>0.00</td><td>6.8</td><td>0.00</td><td>0.07</td><td>0.00</td><td>0.00</td><td>0.00</td><td>0.00</td></tr>
<tr><td>STOP</td><td>0.0</td><td>0.12</td><td>0.00</td><td>0.00</td><td>0.00</td><td>0.00</td><td>0.00</td><td>0.0</td><td>0.00</td><td>0.15</td><td>0.00</td><td>0.00</td><td>0.00</td><td>0.00</td></tr>
<tr><td colspan="15">Warunki ekstremalne: widzialność umiarkowana, miejscami ograniczona, morze nieco wzburzone ($h_f$≈ 3 m), wiatr do 6-7°B, prąd o prędkości $v_p$ ≈ 3 kn i kierunku prostopadłym do osi toru (344°), pionowe oscylacje lustra wody określone względem zera mapy (Chart Datum=MSL) do ±0.60 m ($h_2$=16.40 m), gęstość wody $\gamma_2$= 1,00250 g/cm$^3$, dryf statku α do ±2°, myszkowanie Δ do ±2°, przechył boczny θ do ±5°, zanurzenie w powietrzu = $H_N$= 64,24 m dla przechyłu θ=±1°.</td></tr>
<tr><td>SFAH</td><td>25.7</td><td>1.00</td><td>0.00</td><td>0.92</td><td>0.00</td><td>0.95</td><td>0.97</td><td>27.5</td><td>0.64</td><td>0.00</td><td>0.88</td><td>0.00</td><td>0.92</td><td>0.95</td></tr>
<tr><td>FAH</td><td>16.4</td><td>1.00</td><td>0.00</td><td>0.86</td><td>0.00</td><td>0.93</td><td>0.96</td><td>18.1</td><td>0.43</td><td>0.61</td><td>0.80</td><td>0.00</td><td>0.90</td><td>0.94</td></tr>
<tr><td>HAH</td><td>12.4</td><td>1.00</td><td>0.00</td><td>0.78</td><td>0.00</td><td>0.91</td><td>0.95</td><td>14.1</td><td>0.32</td><td>0.67</td><td>0.69</td><td>0.00</td><td>0.87</td><td>0.92</td></tr>
<tr><td>SAH</td><td>8.6</td><td>1.00</td><td>0.00</td><td>0.34</td><td>0.00</td><td>0.83</td><td>0.85</td><td>9.7</td><td>0.19</td><td>0.71</td><td>0.11</td><td>0.00</td><td>0.78</td><td>0.80</td></tr>
<tr><td>DSAH</td><td>6.0</td><td>1.00</td><td>0.00</td><td>0.07</td><td>0.00</td><td>0.77</td><td>0.80</td><td>6.8</td><td>0.12</td><td>0.73</td><td>0.00</td><td>0.00</td><td>0.72</td><td>0.73</td></tr>
<tr><td>STOP</td><td>0.0</td><td>1.00</td><td>0.00</td><td>0.00</td><td>0.00</td><td>0.51</td><td>0.51</td><td>0.0</td><td>0.04</td><td>0.74</td><td>0.00</td><td>0.00</td><td>0.51</td><td>0.51</td></tr>
<tr><td colspan="15">UWAGA: W niniejszej pracy założono, że statek porusza się bez pomocy holowników w osi toru wodnego ($d_{NP}$= $d_{NS}$=146.8 m) z różną prędkością, gdy odstępy między statkami są nie mniejsze niż $d_{NF}$= $d_{NA}$= 0.5 NM= 926 m. Do oceny ryzyka nawigacyjnego wykorzystano wartości parametrów domeny statku zestawione w tabeli 20. W kalkulacjach przyjęto, że w sytuacji awaryjnej statek wytracał będzie swoją prędkość manewrem awaryjnego zatrzymania się poprzez pracę silnika cała wstecz (ang. Crash Stop = FAH-FAS).</td></tr>
</table>

Analogicznie, wyróżniając składowe ryzyka nawigacyjnego $R_N$ określone w płaszczyźnie poziomej OY, względem obiektów położonych po lewej $R_{NWP}$ i po prawej $R_{NWS}$ burcie statku (nazwijmy je składowymi ryzyka nawigacyjnego od zachowania rezerwy szerokości odpowiednio po lewej i prawej burcie statku, lub krócej ryzykiem od zachowania szerokości), można przedstawić za pomocą wzorów (76) i (77).

Analizowane współczynniki ryzyka nawigacyjnego $R_N$ oszacowane na każdym kierunku we współrzędnych 3D (XYZ) uzyskanych dla kontenerowca klasy E 'Emma Maersk' na torze wodnym wschodnim prowadzącym do terminala DCT Gdańsk Port Północny zostały przedstawione w Tabeli 21.

Ryzyko nawigacyjne $R_{ND}$ oszacowane dla statku 'Emma Maersk' załadowanego do zanurzenia $T$=14.50 m (czyli dla przechyłów bocznych $\theta=\pm1°$ szacowanych dla przeciętnych warunków hydrometeorologicznych w akwenie $T_{max}$=14.99 m) określone w płaszczyźnie pionowej OZ względem najpłycej położonych obiektów podwodnych leżących w granicach wyznaczonej trasy przejścia na pogłębionym torze wodnym wschodnim (h=17.0 m ±0.10m), przy dobrych warunkach hydrometeorologicznych przybierać będzie wartości od 0.12 dla statku w dryfie do 0.74 dla statku płynącego z prędkością SFAH (*Sea Full Ahead*)= 25.7 węzłów Przy czym podążanie z prędkością DSAH (*Death Slow Ahead*)= 6.0 węzłów generować będzie ryzyko nawigacyjne $R_{ND}$ na poziomie około 0.21 co (dla uproszczenia tej metody) może być interpretowane, jako 'swego rodzaju' 21% prawdopodobieństwo, że zaistnieje wypadek morski polegający na uderzeniu kadłubem statku o przeszkodę podwodną lub dno akwenu.

Przy ekstremalnych warunkach hydrometeorologicznych ryzyko nawigacyjne $R_{ND}$ szacowane na torze wodnym wschodnim (h= 17.0 m ±0.60m), dla kontenerowca 'Emma Maersk' w stanie załadowanym przyjmować będzie wartości równe 1 niezależnie od prędkości początkowej statku (patrz tabele 20 i 21). W uproszczeniu można więc przyjąć, iż przejście tego statku w stanie załadowanym przez analizowany akwen podczas niedogodnych warunków hydrometeorologicznych (widzialność umiarkowana, miejscami ograniczona, morze nieco wzburzone ($h_f \approx$ 3 m), wiatr powyżej 7°B, prąd o prędkości $v_p \approx$ 3 węzły i kierunku prostopadłym do osi toru

(344°), pionowe oscylacje lustra wody określone względem zera mapy (*MSL*) do ±0.60 m ($h_{min}$=16.40 m), zmiana gęstości wody morskiej od wartości $\gamma_{1}$= 1.00525 g/cm$^3$ do $\gamma_{2}$= 1.00250 g/cm$^3$, dryf statku do ±2°, myszkowanie do ±2°, przechyły boczne θ do ±5°) nie będzie możliwe. Dynamiczne oddziaływanie wiatru, prądu i fali na kadłub statku, przy awarii systemu stabilizacji przechyłów (*Fin Stabilizers*), spowodować może wystąpienie przechyłów bocznych θ do ±5°, a to przy szerokości kadłuba statku $B$=56.40 m może spowodować wzrost jego zanurzenia początkowego z $T_1$=14.50 m do $T_2$=16.90 m. To natomiast przy dużej fali oraz pionowych oscylacjach lustra wody, które w ekstremalnych warunkach dochodzą do ±0.60m względem zera mapy (MSL), fizycznie powodując obniżenie przyjętej głębokości akwenu z $h_1$=17.0 m do $h_2$=16.40 m, wykluczy nam możliwość prowadzenia bezpiecznej nawigacji przy panujących warunkach zewnętrznych ($R_{ND}=1$).

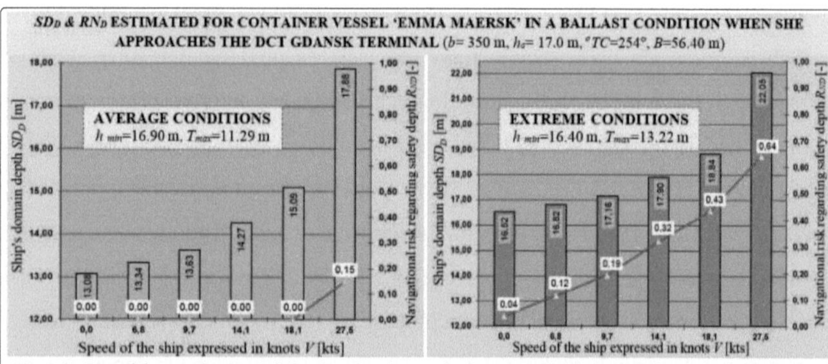


**Rys.9.** Przebieg zależności funkcyjnej pomiędzy prędkością statku *V*, głębokością domeny $SD_D$ oraz ryzykiem nawigacyjnym $R_{ND}$ określonych dla kontenerowca klasy E 'Emma Maersk' w stanie pod balastem dla różnych warunków pogodowych na torze wodnym wschodnim podczas podejścia do terminala DCT Gdańsk Port Północny. Źródło: Badania własne autora.

W praktyce morskiej zdarzają się jednak sytuacje, w których ze względu na skrajnie złe warunki hydrometeorologiczne, np. silny sztorm, wiatr, obniżenie poziomu morza lub ograniczoną widzialność, statki, których zanurzenie $T_{max}$ jest zbyt duże w stosunku do głębokości akwenu $h$, są wysyłane do stref buforowych i/lub na wyznaczone do tego celu specjalne kotwicowiska. W efekcie wymaga się wówczas, że statki będą tam oczekiwać na poprawę trudnych warunków hydrometeorologicznych, zanim wznowią swoją podróż (operacje manewrowe i ładunkowe).

Ryzyko nawigacyjne $R_{ND}$ oszacowane dla kontenerowca klasy E 'Emma Maersk' w stanie pod balastem (Rys. 9) przybierać będzie wartości zbliżone do 0.0 dla przeciętnych warunków przejścia i prędkości manewrowych mniejszych od 18 węzłów. Oznacza to, że przy spełnieniu w/w warunków kontenerowiec 'Emma Maersk' może bezpiecznie nawigować na torze wodnym wschodnim w odniesieniu do przeszkód nawigacyjnych podwodnych, obliczone bowiem głębokości jej domeny są mniejsze od dostępnej głębokości akwenu, a to jest gwarancją bezpiecznej nawigacji wobec zatopionych obiektów, przeszkód podwodnych i innych niebezpieczeństw nawigacyjnych położonych w obrębie wyznaczonego toru wodnego ($SD_D \leq$ 15.09 m, $h_{min}=16.90$ m, $T_{max}=$ 11.29 m, $R_{ND}=0$).

Dla warunków ekstremalnych podczas dryfu statku ryzyko nawigacyjne $R_{ND}$ kształtować się będzie na poziomie około 4%. Przy ekstremalnych warunkach zewnętrznych wejście statku do portu z prędkością bardzo wolno naprzód DSAH= 6.8 węzła wygeneruje ryzyko nawigacyjne $R_{ND}$ na poziomie 12% ($SD_D=$ 16.82 m, $h_{min}=$ 16.40 m, $T_{max}=$ 13.22 m, $R_{ND}=0.12$) i będzie ono systematycznie wzrastać wraz ze wzrostem prędkości statku, aż do poziomu około 64% ($SD_D=22.05$ m, $h_{min}=16.40$ m, $T_{max}=$ 13.22 m, $R_{ND}=0.64$) oszacowanego dla prędkości cała naprzód morska SFAH= 27.5 węzła. W tym przypadku przejście kontenerowca 'Emma Maersk' będzie zatem możliwe we wszystkich warunkach w odniesieniu do wymaganego zapasu wody pod stępką ($UKC_R$) lecz bardziej ryzykowne przy większych prędkościach statku.

Dzięki analizie ryzyka nawigacyjnego $R_{NH}$ (w zakresie zachowania wymaganej rezerwy wysokości) oszacowanego dla kontenerowca 'Emma Maersk' w odniesieniu do obiektów znajdujących się na wyznaczonej trasie statku, można wysnuć logiczny wniosek, że przejście to będzie zdecydowanie bezpieczne i nie będzie stanowiło zagrożenia, ponieważ na torze podejściowym do terminala DCT Gdańsk Port Północny nie ma żadnych mostów i/lub innych obiektów zawieszonych nad wodą, które mogłyby wygenerować ryzyko nawigacyjne $R_{NH}$. Jedyny most Oster-Renden, który znajduje się w Wielkim Bełcie na trasie przejścia statku z Morza Bałtyckiego do Morza Północnego, ma prześwit powietrza pod mostem wynoszący 65 metrów ($CVC=H_o= 65$ m określony w odniesieniu do MSL). Pozwala to na bezpieczne przepłynięcie tych statków, których wysokości domeny są opisane jako: $SD_H \leq 65$ m.

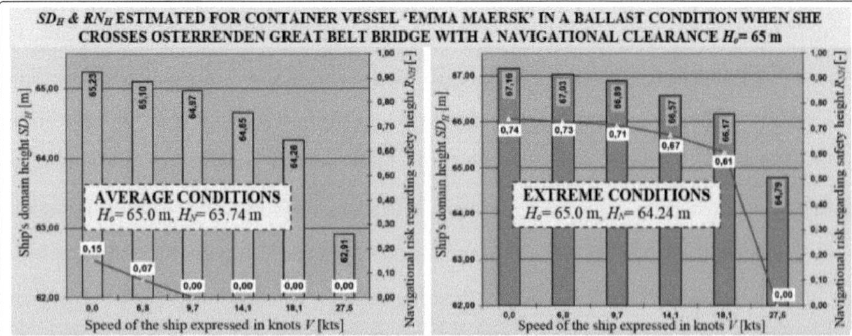


**Rys.10**. Przebieg zależności funkcyjnej pomiędzy prędkością statku $V$, wysokością domeny $SD_H$ a ryzykiem nawigacyjnym $R_{NH}$ (dotyczącym wymaganego prześwitu powietrza pod mostem) oszacowanych dla kontenerowca klasy E 'Emma Maersk' w stanie pod balastem dla różnych warunków pogodowych na torze wodnym wschodnim podczas podejścia do terminala DCT Gdańsk Port Północny. Źródło: Badania własne autora.

W naszym przykładzie dla kontenerowca klasy E 'Emma Maersk' o maksymalnej wysokości statku $H_c= 73.00$ m sytuacja ta może mieć miejsce tylko na statku w stanie załadowanym, gdy zanurzenie statku w powietrzu ($ADT$) z wymaganym zapasem $OHC_R$ zostanie zmniejszone przez zanurzenie statku $T_{max}= 14.50$ m (wartość statyczna). Jeśli założymy jednak, że statek porusza się w warunkach przeciętnych w stanie pod balastem z zanurzeniem na dziobie $T_F= 7.10$ m, zanurzeniem na rufie $T_F= 10.80$ m i dodatkowo uwzględnimy korektę zanurzenia statku w powietrzu ($\Delta Ad$=1.54 m) ze względu na jego przegłębienie ($t$=3.70 m) oraz korektę zanurzenia statku w powietrzu ($\Delta T_\theta$) ze względu na przechył boczny wynikający ze spodziewanego kołysania się statku na wietrze i fali, wówczas moglibyśmy uznać, że przejście nawigacyjne statku pod analizowanym mostem Oster-Renden z pionowym prześwitem powietrza CVC=$H_o$=65 m byłoby niemożliwe do wykonania przy ekstremalnych warunkach morskich (dla przechyłów bocznych $\theta$=±5°, $\Delta T_{\theta 2}$=±2.42 m, $H_{N2}$= 66.16 m) i mało ryzykowne w przeciętnych warunkach morskich (dla przechyłów bocznych $\theta$=±1°, $\Delta T\theta_1$= ±0.49 m, $H_{N1}$= 64.23 m).

Jeżeli jednak przyjmiemy, że wartość zanurzenia statku w powietrzu ($H_{N1}$= wariant pierwszy= 63.74 m), co odpowiada maksymalnej wysokości nadwodnej części kadłuba szacowanej wraz z ładunkiem na wodzie spokojnej, dla warunków przeciętnych, przy braku przechyłów bocznych oraz zerowym kołysaniu statku na fali ($\theta$=0°) oraz zanurzenie statku w powietrzu ($H_{N2}$= wariant drugi= 64.24 m) analizowane dla warunków ekstremalnych przy bocznych przechyłach statku zredukowanych do jednego stopnia miary kątowej (θ=±1°) (statek wyposażony jest w stabilizatory przechyłów bocznych), to wówczas możemy zauważyć (patrz rys.10 oraz dane zawarte w tabeli 21), że współczynnik ryzyka nawigacyjnego $R_{NH}$ w odniesieniu do wymaganej rezerwy wysokości, określony dla nastawy prędkości statku DSAH (bardzo wolno naprzód $Vs$= 6.8 węzła) osiągnie dla warunków przeciętnych wartość równą $R_{NH}$= 0.07, natomiast dla warunków ekstremalnych wartość $R_{NH}$= 0.73.

Jeżeli jednak statek zwiększy swoją prędkość do wartości około 9 węzłów (adekwatną dla nastawy telegrafu maszynowego na prędkość wolno naprzód= SAH), to wówczas zauważymy, że dla warunków przeciętnych przeprawa ta (analizowana z uwagi na pożądaną wartość wskaźnika ryzyka nawigacyjnego $R_{NH}$=0) okaże się bardziej bezpieczna i będzie to spowodowane zwiększonym efektem osiadania statku w ruchu podczas jego żeglugi przez akweny płytkie. Osiadanie statku w ruchu poprzez zwiększenie zanurzenia jego kadłuba w wodzie zmniejsza zanurzenie statku w powietrzu i w efekcie zmniejsza wartość oszacowanego współczynnika ryzyka nawigacyjnego $R_{NH}$ w odniesieniu do zachowania wymaganej rezerwy wysokości.

Z praktycznego punktu widzenia, dla zachowania bezpieczeństwa w akwenie, autor nie zaleca jednak działań, które polegałyby na zmniejszaniu parametru $H_N$, czyli zmniejszaniu zanurzenia statku w powietrzu poprzez znaczne zwiększanie efektu jego osiadania realizowanego poprzez wzrost jego prędkości postępowej w akwenach płytkich. Należy tu podkreślić, że w przypadku zaistnienia sytuacji awaryjnej (np.

awarii silnika głównego), działanie takie mogłoby w efekcie doprowadzić do wypadku morskiego, np. uderzenia statkiem o konstrukcję mostu, a w przypadku akwenów płytszych również uderzenia kadłubem statku o dno akwenu. W każdym zatem przypadku, lepszym rozwiązaniem zapewne byłoby zwiększenie wartości statycznego zanurzenia statku w wodzie realizowane poprzez np. przyjęcie dodatkowego balastu i przejście statkiem pod mostem z prędkością zredukowaną do minimalnej sterownej.

Jeżeli podczas dalszej analizy przyjmiemy również, iż kontenerowiec 'Emma Maersk' będzie podążał w osi toru wodnego z prędkością bardzo wolno naprzód DSAH≈ 6 węzłów w odstępach separacyjnych pomiędzy statkami nie mniejszych jak 0.5 Mm ($d_N$= 926 m), to wówczas ryzyko nawigacyjne ($R_{NLF}$) określone w płaszczyźnie poziomej OX przed dziobem wzdłuż linii jego kursu, będzie przyjmować wartości od zera ($R_{NLF}$=0, gdy $SD_{LF} < d_N$) dla stanu pod balastem, niezależnie od panujących warunków zewnętrznych ($SD_{LF1}$= 708 m, $SD_{LF2}$= 790 m) oraz dla stanu załadowanego dla przeciętnych warunków zewnętrznych ($SD_{LF3}$= 868 m, $R_{NLF}$=0) do 0.07 dla skrajnych warunków zewnętrznych ($SD_{LF4}$= 980 m, $R_{NLF}$=0.07).

Jeżeli jednak założymy, że statek w stanie załadowanym zwiększy swoją prędkość postępową do wartości *SAH*= 8.6 węzła, a odległość do najbliższego niebezpieczeństwa utrzyma się na poziomie 0.5 NM ($d_N$= 926 m), to wówczas ryzyko nawigacyjne ($R_{NLF}$) wzrośnie do wartości ($R_{NLF}$= 0.22) dla warunków przeciętnych ($SD_{LF}$ = 1118 m), dla warunków ekstremalnych ($SD_{LF}$= 1282 m) wzrośnie natomiast do wartości ($R_{NLF}$= 0.34).

Dla statku w stanie pod balastem poruszającym się z nastawą silnika mniejszą niż prędkość manewrowa wolno naprzód SAH= 9.7 węzła, ryzyko nawigacyjne ($R_{NLF}$) od zachowania wymaganej rezerwy odległości ($d_N$= 926 m) oszacowane dla warunków przeciętnych osiągnie wartości zerowe ($R_{NLF}$= 0, $SD_{LF\,max}$ = 897 m i jest mniejsze od $d_N$), dla ekstremalnych warunków zewnętrznych przymnie natomiast wartości ($R_{NLF}$= 0.11, $SD_{LF}$ = 1014 m). Przy dalszym wzroście prędkości postępowych statku ($V$), wartości oszacowanego ryzyka nawigacyjnego ($R_{NLF}$) będą proporcjonalnie wzrastać, zależnie do panujących warunków zewnętrznych i stanu załadowania statku.

Współczynnik $R_{NLA}$ określający poziomą składową ryzyka nawigacyjnego $R_N$ od zachowania wymaganej bezpiecznej odległości od najbliższego niebezpieczeństwa ($d_N$) wykrytego w kierunkach za rufą statku własnego, jest równy zeru ($R_{NLA}$= 0) dla wszystkich bowiem badanych wariantów wartość parametru $SD_{LA\ max}$ = 615 m jest mniejsza od odległości porównawczej do najbliższego niebezpieczeństwa ($d_N$= 926 m).

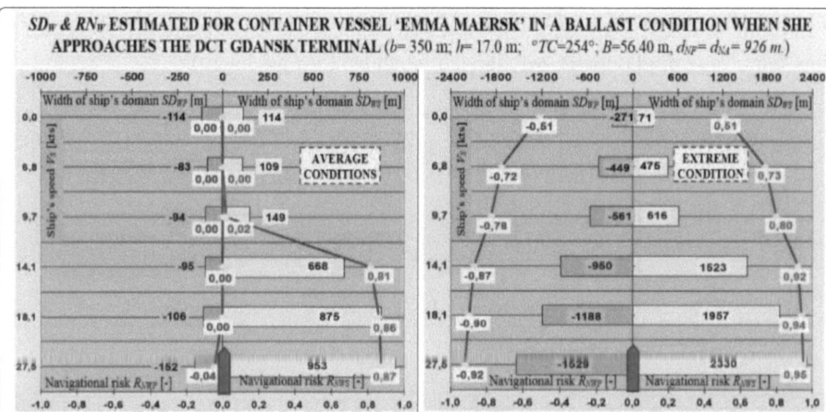


**Rys.11.** Przebieg zależności funkcyjnej pomiędzy prędkością statku *V*, szerokością domeny po lewej $SD_{WP}$ i prawej $SD_{WS}$ burcie statku oraz ryzykiem nawigacyjnym $R_{NW}$ od utrzymania bezpiecznej rezerwy odległości po lewej $R_{NWP}$ i prawej $R_{NWS}$ burcie oszacowanych dla kontenerowca 'Emma Maersk' w stanie pod balastem dla różnych warunków pogodowych na torze wodnym wschodnim podczas podejścia do terminala DCT Gdańsk Port Północny. Źródło: Badania własne autora.

Analiza ryzyka nawigacyjnego ($R_{NWP}$) z lewej i ($R_{NWS}$) z prawej burty statku, w praktyce sprowadza się do analizy porównawczej parametrów domeny statku ($SD_{WP}$) i ($SD_{WS}$) z szerokością toru wodnego ($b_F$), szerokością pasa wody żeglownej ($b_{WL}$) oraz odległością do najbliższego niebezpieczeństwa ($d_N$) wykrytego odpowiednio po prawej i lewej burcie statku. W opracowaniu przyjęto: $d_N$= (350 m–56.4 m) / 2=146.8 m.

Jeżeli zatem w rozważaniach przyjmiemy, że statek będzie płynął, w obrębie wyznaczonego toru wschodniego (prowadzącego do terminala DCT Gdańsk) z prędkością (*V*) bardzo wolno naprzód (DSAH), w osi toru wodnego, którego szerokość wynosi 350 m ($b_F$=*350* m), ryzyko nawigacyjne ($R_{NWS}$) określone w płaszczyźnie poziomej OY po prawej burcie statku będzie zerowe ($R_{NWS}$= 0, $SD_{WS\,max}$= 136 m i jest mniejsze od $d_{NS}$=146.8m) dla warunków zewnętrznych przeciętnych, niezależnie od stanu załadowania statku (patrz rys.11 i 12 oraz dane dostępne w tabelach 20 i 21) oraz przyjmie wartości od ($R_{NWS}$= 0.73) szacowanego dla statku w stanie pod balastem i prędkości $V$= 6.8 węzła ($SD_{WS}$= 475 m, $d_{NS}$= 146.8 m) do wartości ($R_{NWS}$= 0.8) szacowanej dla statku załadowanego i prędkości postępowej statku $V$= 6 węzłów ($SD_{WS}$= 610 m, $d_{NS}$= 146,8 m, $R_{NWS}$=0.80) przy ekstremalnych warunkach przejścia (silny wiatr oraz prąd poprzeczny do wzdłużnej osi toru wodnego).

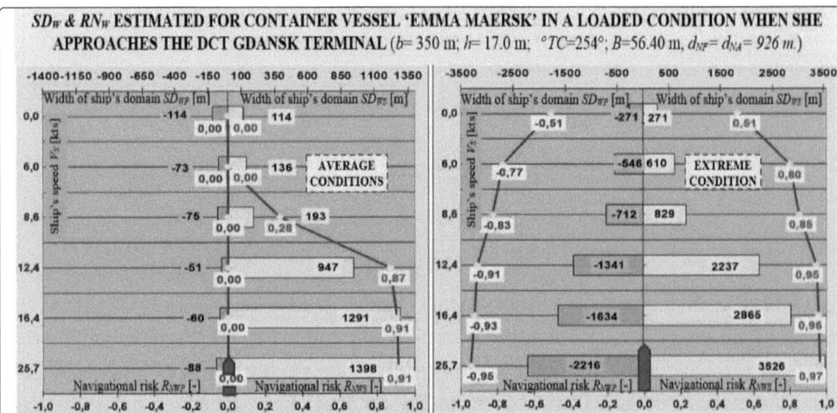


**Rys.12.** Przebieg zależności funkcyjnej pomiędzy prędkością statku $V$, szerokością domeny po lewej $SD_{WP}$ i prawej $SD_{WS}$ burcie statku oraz ryzykiem nawigacyjnym $R_{NW}$ od utrzymania bezpiecznej rezerwy odległości po lewej $R_{NWP}$ i prawej $R_{NWS}$ burcie oszacowanych dla kontenerowca 'Emma Maersk' w stanie załadowanym dla różnych warunków pogodowych na torze wodnym wschodnim podczas podejścia do terminala DCT Gdańsk Port Północny. Źródło: Badania własne autora.

Ryzyko nawigacyjne $R_{NWP}$, zdefiniowane w sektorze po lewej burcie statku na torze wschodnim dla prędkości statku DSAH (bardzo wolno naprzód), przyjmować będzie wartości zerowe ($R_{NWP}$= 0) dla dogodnych warunków przejścia, niezależnie od stanu załadowania statku ($SD_{WP\,max}$= 83 m i jest mniejsze od $d_{NP}$=146.8m) oraz wartości od ($R_{NWP1}$= 0.72) oszacowanej dla statku w stanie pod balastem i prędkości $V_1$=6.8 węzła ($SD_{WP1}$= 449 m, $d_{NP}$= 146.8 m) do wartości ($R_{NWP2}$= 0.77) oszacowanej dla statku załadowanego poruszającego się z prędkością $V_2$=6 węzłów ($SD_{WP2}$= 546 m, $d_{NP}$= 146.8 m) przy ekstremalnych warunkach przejścia (silny wiatr oraz prąd poprzeczny do wzdłużnej osi toru wodnego). Dla porównania patrz rys.11 i 12 oraz dane dostępne w tabelach 20 i 21.

Z analizy ryzyka nawigacyjnego $R_{NWS}$ i $R_{NWP}$ wynika zatem, że kontenerowiec klasy E 'Emma Maersk' podążając w osi toru wodnego wschodniego ($b$= 350 m) z prędkością manewrową bardzo wolno naprzód (DSAH) przy działaniu dogodnych warunków hydrometeorologicznych byłby w stanie zachować swoją sterowność w obrębie wyznaczonego toru wodnego, a w przypadku zaistnienia sytuacji awaryjnej mógłby wykonać również manewr awaryjnego zatrzymywania się statku pracą silnika cała wstecz (FAS) z naprzemiennym wychylaniem płetwy steru, z dużym prawdopodobieństwem nie wychodząc przy tym poza granice wyznaczonego toru wodnego. Taka metoda zatrzymywania się statku i/lub wytracania przez niego prędkości z żargonie marynarskim nazywana jest metodą *„Fishtailing + Crash Stop"*.

Jeżeli w naszych rozważaniach pod uwagę wzięli byśmy jednak manewr cyrkulacji statku (do zmiany kierunku jego ruchu i/lub wytracania przez niego prędkości), to wówczas okaże się, że statek ten nie może bezpiecznie wykonać manewru, bez możliwości jednoczesnego wyjścia poza granice wyznaczonego toru wodnego.

Oszacowany wskaźnik ryzyka nawigacyjnego ($R_{NW}$) znacznie wówczas wzrośnie, wzrosną bowiem parametry pożądanej szeroki domeny statku ($SD_W$) liczone w kierunku planowanej cyrkulacji i osiągną one wartości znacznie większe od szerokości bezpiecznych wód żeglownych wyznaczonych w obrębie badanego kanału nawigacyjnego (u nas $b_F$=*350* m, $d_{NP}$= $d_{NS}$ =146.8 m).

Warto przy tym dodać, że tor nawigacyjny wschodni prowadzący do terminala DCT Gdańsk Port Północny dla statków typu 'Emma Maersk' jest traktowany jako akwen ograniczony zarówno pod względem szerokości (wąskie przejście) jak i głębokości (akwen płytki). Ogólnie rzecz biorąc, akwen ten, może więc być uznany jako trudny pod względem nawigacyjnym dla jednostek podobnych do 'Emma Maersk'.

Słusznym zatem wydaje się tam utrzymanie specjalnego nadzoru nawigacyjnego, takiego jak usługa systemu VTS do kontroli ruchu statków, a także obowiązkowego pilotażu na tym akwenie dla jednostek podobnych do 'Emma Maersk'. Przejście takich jednostek po wyznaczonym torze wodnym powinno odbywać się zatem przy asyście holowników, manewry portowe zaś obowiązkowo z holownikami zamocowanymi przynajmniej po jednym na dziobie i rufie.

Optymalną prędkością jednostki zapewniającą dostateczną stateczność kursową przy dopuszczalnym poziomie ryzyka $R_N$ są prędkości rzędu 3.5 do 6 węzłów. Dalsze zmniejszanie prędkości bez asysty holowników może spowodować nadmierny dryf oraz znos statku z toru wodnego, szczególnie przy silnym wietrze i prądzie działającym poprzecznie do wzdłużnej osi toru wodnego. Prędkość żeglowną na torze podejściowym należałoby utrzymywać w przedziale od 3 do 6 węzłów, dla zachowania wymaganej sterowności statku. Minimalna prędkość sterowna kontenerowców klasy E takich jak 'Emma Maersk' jest ustalona na poziomie 3 węzłów (5.6 km/godz.) niezależnie od jego stanu załadowania. Prędkość żeglowna w przypadku utworzenia zespołu holowniczego na linach powinna również wynosić od 3 do 6 węzłów.

Przejścia nawigacyjne kontenerowców klasy E takich jak 'Emma Maersk' w stanie załadowanym torem wodnym wschodnim prowadzącym do terminala DCT Gdańsk Port Północny, zaleca się zawsze przy dobrych i średnich warunkach pogodowych, w zakresie widzialności do 1.0 NM i dopuszczalnej siły wiatru do 7°B. Wszystkie manewry planowane w obrębie portu i jego obrotnicy zalecane są jedynie przy dogodnych warunkach hydrometeorologicznych i sile wiatru mniejszej niż 6°B. W takich warunkach oszacowane wskaźniki ryzyka nawigacyjnego $R_N$ będzie można uznać za ich wartości akceptowalne i dopuszczalne do żeglugi.

Analizując sytuację nawigacyjną przy oddziaływaniu niekorzystnych (złych i/lub ekstremalnych) warunkach hydrometeorologicznych w akwenie (patrz tabela 21), można stwierdzić, że przejście statków klasy E typu 'Emma Maersk' jest niemożliwe lub bardzo ryzykowne, ze względu na wysoką wartość oszacowanych wskaźników ryzyka nawigacyjnego $R_N$. Do obsługi statku, przy sile wiatru 7°B i więcej należałoby zatem zapewnić asystę holowników (w tym przynajmniej 2 tzw. „pędnikowców" oraz 2 tzw. ciągników) usytuowanych odpowiednio po 2 holowniki na dziobie (1+1) oraz 2 holowniki na rufie (1+1). Jeżeli prognozy pogody przewidują wystąpienie wiatrów o sile 8°B i większych z kierunków NE i SE statek powinien być wyprowadzony z portu z odpowiednim wyprzedzeniem (gdy warunki pogodowe pozwalają jeszcze na bezpieczne przeprowadzenie operacji wyprowadzenia) i wysłany do strefy buforowej w miejscu kotwiczenia. Oczekuje się, że statki będą tam czekać do czasu poprawy niekorzystnych warunków hydrometeorologicznych, które umożliwią bezpieczne wznowienie operacji manewrowych i/lub ładunkowych. Ostateczną decyzję zawsze podejmuje jednak kapitan statku, który konsultuje się z Kapitanem Portu oraz ścisłym kierownictwem terminala DCT Gdańsk Port Północny.

Biorąc pod uwagę wymiary 'Emma Maersk', dużą moc napędu oraz rozmieszczenie pędników okrętowych, a w szczególności rozmieszczenie sterów strumieniowych na dziobie i rufie jednostki, wszelkie manewry portowe (cumowanie do nabrzeża oraz odcumowywanie) należałoby przeprowadzać z należytą ostrożnością przy ścisłej współpracy z dostępnym taborem holowników. Chodzi tu o to, aby nadmierna praca pędników okrętowych nie powodowała erozji dna i podmywania nabrzeży w porcie. Dlatego też, docelowo zaleca się, aby w przypadku obsługi w porcie DCT Gdańsk kontenerowców klasy E rozważono możliwość zabezpieczenia dna akwenu oraz nabrzeży portowych np. poprzez wyłożenie dna akwenu brezentem.

Po przeanalizowaniu ryzyka nawigacyjnego kontenerowca klasy E 'Emma Maersk' podczas jego podejścia do terminala DCT Gdańsk Port Północny można jednoznacznie stwierdzić, że trójwymiarowy model domeny statku może stanowić odpowiednie kryterium do oszacowania bezpiecznej prędkości statku, struktur bezpieczeństwa transportu morskiego oraz struktur klasyfikujących akweny morskie w zależności od trudności prowadzenia na nich bezpiecznej nawigacji (np. akweny ograniczone i nieograniczone, akweny żeglowne i nieżeglowne, akweny trudne i potencjalnie „łatwe" pod względem nawigacyjnym).

Ponadto, jeżeli dostępne będą dane przedstawione np. w tabeli 21 (z oszacowanymi wcześniej współczynnikami ryzyka nawigacyjnego $R_N$), wówczas określenie bezpiecznej prędkości statku może być dokonane w następujący sposób:

Oficer dowodzący (nawigator) sprawdza, przy jakich wartościach prędkości ($V$) oszacowane wcześniej współczynniki ryzyka nawigacyjnego ($R_N$) będą przyjmowały wartości mniejsze od przyjętych wartości granicznych (tych akceptowalnych przez osobę kierującą statek, zgodnie z wytycznymi kapitana, adekwatnie do panujących warunków i okoliczności). W tabeli 21 parametry te można wówczas zaznaczyć jako pola zielone. Jeżeli jednak wartości oszacowanego ryzyka będą wyższe niż przyjęte graniczne wartości dopuszczalne, ale nie krytyczne, pola te można będzie zaznaczyć kolorem żółtym. Parametry ryzyka nawigacyjnego o nieakceptowanych wartościach do prowadzenia bezpiecznej nawigacji należy oznaczyć kolorem czerwonym. W transporcie morskim kolor zielony oznacza zawsze sytuacje (warunki) bezpieczne, kolor czerwony natomiast zawsze wskazuje na zaistnienie sytuacji i/lub warunków uznawanych za niemożliwe do realizacji i/lub potencjalnie bardzo niebezpiecznych.

A zatem w naszym przypadku, na podstawie tak przefiltrowanych danych, dostępnych w tabeli 21, będziemy mogli stwierdzić, że prędkością bezpieczną ustaloną dla kontenerowca 'Emma Maersk' podczas manewrów na torze wodnym wschodnim do terminala DCT Gdańsk Port Północny, będzie ta prędkość, dla której wszystkie pola w obrębie zadanej nastawy silnika (obserwowane w tym samym wierszu dla wszystkich oszacowanych wcześniej współczynników ryzyka $R_N$) zaznaczone będą kolorem zielonym. Kolor zielony oznacza tu, że dla założonych warunków i okoliczności oszacowane ryzyko nawigacyjne $R_N$ osiągnęło wartości uznane za akceptowalne i dopuszczalne do żeglugi.

Jeżeli w analizowanym przykładzie, jako wartości akceptowalne ryzyka ($R_N$) uznamy np. wartości mniejsze od ($R_N < 0.3$), to wówczas dla statku 'Emma Maersk' podążającego w stanie załadowanym torem wodnym wschodnim przy przeciętnych (sprzyjających) warunkach zewnętrznych, prędkością bezpieczną statku będzie nastawa silnika na prędkość DSAH (bardzo wolno naprzód = 6 węzłów) oraz nastawa prędkości SAH (wolno naprzód= 8.6 węzła). Dla statku w stanie pod balastem będą to również nastawy DSAH= 6.8 węzła oraz SAH= 9.7 węzła. Statek poruszający się z takimi prędkościami będzie miał dobre właściwości manewrowe i sterowność (dobrą stateczność kursową i adekwatną zwrotność), a w razie potrzeby będzie mógł również zatrzymać się w obrębie wyznaczonego toru wodnego i uniknąć kolizji w założonej tu odległości od najbliższego niebezpiecznego ($d_N$=0.5 NM= 926 m).

Nawigowanie tym statkiem przy warunkach zewnętrznych ekstremalnych z nastawą prędkości DSAH byłoby jednak niemożliwe dla statku w stanie załadowanym ($R_{ND}$=1) i wielce ryzykowne dla statku pod balastem ($R_{NH}$=$R_{NWS}$=0.73, $R_{NWP}$=0.72, $R_{ND}$=0.12).

Autor w swoich badaniach dowiódł zatem, że wskaźnik tak oszacowanego ryzyka nawigacyjnego $R_N$ może być wykorzystany do ogólnej oceny bezpieczeństwa nawigacyjnego w akwenie. Graficzna prezentacja wskaźników $R_N$ w funkcji parametrów statku i/lub akwenu (patrz rys. 9 do 12), umożliwia przy tym łatwą interpretację uzyskanych wyników i może być efektywnie wykorzystywana do szacowania ogólnych wskaźników bezpieczeństwa nawigacyjnego statków manewrujących w danym akwenie i być pomocna przy ustalaniu granicznych wartości dopuszczalnych dla bezpiecznych prędkości eksploatacyjnych statku w danym akwenie. W naszym przykładzie, dla kontenerowców klasy E typu 'Emma Maersk' podążających w osi toru wodnego będą to prędkości manewrowe na poziomie bardzo wolno naprzód DSAH od 3.5 węzła do 6 węzłów.

## 12. Wnioski

Reasumując powyższe, można zatem stwierdzić, że niezależnie od przyjętego wariantu podróży, zgodnie z wytycznymi COLREG, wytycznymi lądowych służb kontroli ruchu (w tym służb pilotowych oraz VTS), zaleceniami lokalnych administracji morskich, wytycznymi armatora oraz zasadami tzw. dobrej praktyki morskiej, statek powinien poruszać się zawsze z prędkością bezpieczną.

Według COLREG, to co jest uznawane za prędkość bezpieczną, zależy od statku oraz istniejących warunków i okoliczności. Mając na uwadze wytyczne COLREG, każdy statek powinien przez cały czas płynąć z bezpieczną prędkością (szybkością), tak aby mógł podjąć właściwe i skuteczne działania w celu uniknięcia zderzenia i zatrzymać się w odległości odpowiedniej do istniejących okoliczności i warunków.

W COLREG określono przy tym pewne czynniki, które każdorazowo powinny być brane pod uwagę przy określaniu prędkości przez wszystkie statki oraz dodatkowo, przez statki używające radaru. W efekcie wybór odpowiedniej wartości prędkości statku oraz trajektorii jego ruchu, pozostawia się zawsze w rękach osoby kierującej statkiem (zazwyczaj kapitana) oraz zasad jego tzw. dobrej praktyki morskiej.

Jednoznaczne zdefiniowanie prędkości bezpiecznej, z pominięciem marginesu bezpieczeństwa określonego przez zarys trójwymiarowej domeny statku, jest zatem zagadnieniem dość złożonym, które przy obecnym stanie wiedzy nie może nam dać jednoznacznej odpowiedzi, którą wartość prędkości statku (wyrażonej np. w węzłach) będzie można uznać za wartość prędkości (szybkości) bezpiecznej, a którą jej wartość będziemy musieli nadal uznawać za prędkość (szybkość) niebezpieczną.

Podczas normalnej eksploatacji statku, jeżeli tylko istniejące warunki i okoliczności na to pozwalają, statek będzie podążał zawsze z prędkością ekonomiczną podyktowaną optymalnym zużyciem paliwa i zapasów. Praktyka nakazuje jednak, aby wybór właściwej prędkości statku na wodach ograniczonych, był swego rodzaju kompromisem pomiędzy opisaną prędkością optymalną (ze względu na czas i/lub zużycie paliwa), a prędkością bezpieczną ustaloną dla aktualnej sytuacji nawigacyjnej.

W akwenie ograniczonym, wybór prędkości maksymalnej z jaką statek może się tam poruszać, powstaje w wyniku analizy porównawczej pomiędzy wartością prędkości osiągalnej (rzadziej granicznej), a wartością prędkości dopuszczalnej ustalonej przez lokalne administracje morskie dla danego rejonu żeglugi. Mając na względzie obowiązek poruszania się statku z prędkością bezpieczną (przepisy COLREG), prędkością optymalną (właściwą) powinna być w tym wypadku zawsze prędkość mniejsza (najniższa z wyżej wymienionych).

Prędkością optymalną (tą właściwą), będzie zatem prędkość umożliwiająca realizację podróży w odpowiednim czasie (wywiązanie się z kontraktu), a jednocześnie stale gwarantująca zachowanie odpowiedniego marginesu bezpieczeństwa (tzw. rezerwy prędkości) na wypadek zaistnienia sytuacji nieprzewidywalnych, awaryjnych oraz tych wynikających z rozmieszczenia (usytuowania) przeszkód nawigacyjnych wokół statku. W tym wypadku wybór optymalnej bezpiecznej prędkości statku $V_{XYZ}$ dokonany będzie musiał być w zależności od lokalizacji potencjalnych zagrożeń w odniesieniu do każdej z trzech jego osi zorientowania (XYZ).

Z praktycznego punktu widzenia, początkowym elementem każdej analizy ryzyka nawigacyjnego $R_N$ na akwenach trudnych i/lub ograniczonych pod względem nawigacyjnym, będzie więc oszacowanie parametrów domeny statku w układzie (XYZ), analizowanych w funkcji prędkości statku ($V$) oraz odległości do najbliższego niebezpieczeństwa ($d_N$). W akwenach ścieśnionych oraz tych o dużym natężeniu ruchu, z przeszkodami nawigacyjnymi rozlokowanymi wokół statku, prędkości $V_x$ i $V_y$ szacowane będą w zależności od lokalizacji wykrytych przeszkód nawigacyjnych w akwenie (ich względnej odległości i linii namiaru), a w szczególności obiektów wykrytych w sektorze przed dziobem statku ($V_{XF}$), za jego rufą ($V_{XA}$), po jego lewej ($V_{YP}$) oraz prawej ($V_{YS}$) burcie statku. W akwenach płytkich oraz tych z rozlokowanymi przeszkodami nadwodnymi (np. podczas przejścia pod mostem) prędkość $V_Z$ szacowana będzie z uwzględnieniem wymaganej statycznej nawigacyjnych rezerwy głębokości i/lub rezerwy wysokości, efektu dynamicznego osiadania statku w ruchu oraz dodatkowej rezerwy na dynamiczny wpływ prądu, wiatru i fali.

Badania własne autora dowiodły przy tym, że opisane powyżej parametry domeny statku (a w szczególność jej głębokość $SD_D$, wysokość $SD_H$, długość przed dziobem $SD_{LF}$, długość za rufą $SD_{LA}$ oraz jej szerokości po lewej $SD_{WP}$ i prawej $SD_{WS}$ burcie statku) oraz wyznaczane dla statku współczynniki ryzyka nawigacyjnego ($R_{ND}$, $R_{NH}$, $R_{NLF}$, $R_{NLA}$, $R_{NWP}$ i $R_{NWS}$), mogą być szacowane na statku w czasie rzeczywistym, a ich wyniki, w razie potrzeby, mogą być również transmitowane drogą radiową i/lub np. przesyłane przez Internet do najbliższego centrum VTS do regulacji i kontroli ruchu statków w danym akwenie, lub innych statków znajdujących się w pobliżu. Działania takie można byłoby być również wykonać przez nowoczesne systemy automatycznej identyfikacji (AIS), działające obecnie bez wymaganej interwencji operatora.

W rezultacie, optymalne ustawienie bezpiecznej prędkości eksploatacyjnej statku zawsze sprowadzać się może do analizy porównawczej poszczególnych elementów składowych szacowanej prędkości bezpiecznej statku $V_{XYZ}$ (z wykorzystaniem modelu jego domeny 3D oraz definicji ryzyka nawigacyjnego $R_N$) i ostatecznie dostosowywanie do wartości najniższej z szacowanych dopuszczalnych prędkości bezpiecznych $V_X$, $V_Y$, $V_Z$ adekwatnych do istniejących warunków i okoliczności.

## Spis rysunków, tabel i wykresów

## Wykaz tabel

## Bibliografia


1. Abramowicz-Gerigk, T., Burciu, Z. & Kamiński, P., (2013), *Criteria for the acceptability of risk in maritime shipping. Safety and risk analysis in transport*, In Polish: Kryteria akceptowalności ryzyka w żegludze morskiej. Bezpieczeństwo i analiza ryzyka w transporcie. Scientific work of the Warsaw University of Technology. Transportation 7-17 (2013).
2. Barras C.B., (1994), *Further Discussion on Squat*, Seaways, March 1994.
3. Duda D., Norwisz K., (1976), *Definition of a ship's safe reserve and under keel clearance. Ship's squat.* In Polish: *Określenie bezpiecznej rezerwy pod stępką. Osiadanie statku.*, WSM, Gdynia, Poland, 1976.
4. Ferreiro L.D. (1992), *The Effects of Confined Water Operations on Ship Performance: A Guide for the Perplexed*, Naval Engineers Journal, November, 1992.
5. Gucma S., Jagniszczak I. (1997), Navigation for Master Mariner, In Polish: *Nawigacja Morska dla Kapitanów*, Foka Publisher, Szczecin, Poland 1997.
6. Goodwin, E. M. (1975). *A Statistical Study of Ship Domains*. The Journal of Navigation, 28, 328–344.
7. Hooft J.P. (1969), *On the Critical Speed Range of Ship in Restricted Waterways*, International Shipbuilding Progress, No 177, 1969.
8. Jurdziński M. (1999), *Planning the speed of the ship in confined waters*, In Polish: *Planowanie prędkości statku na wodach ograniczonych*, Gdynia Poland, 1999.
9. Maersk Line internal documentation including Ship Handling (8.02.01) and Ship Manoeuvrability (L203-L210) for E-class container vessel Emma Maersk, website: http://www.ships-info.info/mer-emma-maersk.htm, 2012.
10. Millward A. (1990), *A Preliminary Design Method for the Prediction of Squat in Shallow Water*, Marine Technology, vol. 27, No 1, January 1990.
11. Nawrocki S., (1991), Full Scale Sinkage Investigations of a bulk Carrier, IV *Konferencja Inżynierii Ruchu Morskiego*, WSM Szczecin, Poland 1991.
12. Nowicki A. (1999), *Knowledge about manoeuvring with sea going vessels,* In Polish: *Wiedza o manewrowaniu statkami morskimi*, Trademar Publisher, Gdynia 1999.
13. Pietrzykowski, Z. and Uriasz, J. (2009). *The Ship Domain – A Criterion of Navigational Safety Assessment in an Open Sea Area.* The Journal of Navigation, 62, 93–108.
14. Pietrzykowski, Z. (2008). *Ship's Fuzzy Domain – a Criterion for Navigational Safety in Narrow Fairways*. The Journal of Navigation, 61, 499–514, 2008.
15. Porada J. (1972), Theoretical and practical reasons for determining the permissible speed of ships on fairway and navigational channels, In Polish: Teoretyczne i

praktyczne przesłanki ustalenia dopuszczalnej prędkości statków na torach i w kanałach morskich, TGM 3 Poland, 1972.

16. Rutkowski G. (2000), Selection of safe ship's speed based on 3D model of ship's domain, In Polish: *Wybór prędkości bezpiecznej statku przeprowadzony na podstawie analizy przestrzennego modelu domeny*, Prace Wydziału Nawigacyjnego WSM, Zeszyt 10, Gdynia 2000 (Scientific Works of the Faculty of Navigation at the WSM, No. 10, Gdynia 2000).
17. Rutkowski G., (2016), *Determining Ship's Safe Speed and Best Possible Speed for Sea Voyage Legs*, http://www.transnav.eu, DOI: 10.12716/1001.10.03.07, TransNav the International Journal on Marine Navigation and Safety of Sea Transportation, Volume 10, Number 3, September 2016, pages 425-430 in English, ISSN 2083-6473 EISSN: 2083-6481, (2016).
18. Rutkowski, G. (2018), ECDIS Limitations, Data Reliability, Alarm Management and Safety Settings Recommended for Passage Planning and Route Monitoring on VLCC Tankers. *TransNav - The International Journal on Marine Navigation and Safety of Sea Transportation* **12**, 483–490 (2018).
19. Rutkowski G. (2000), *Modelling of the ship's domain in the process of manoeuvring in restricted waters,* In Polish: *Modelowanie domeny statku w procesie manewrowania w ograniczonych akwenach*, PhD thesis, Warsaw University of Technology Faculty of Transport, Warsaw 2000.
20. Rutkowski G. (2006), *Risk analysis when navigating in restricted sea areas*, str. 103-122. Polish Academy of Sciences polish Navigation Forum, Annual of Navigation, ISSN 1640-8632. Volume 11/2006. Gdynia 2006.
21. Rutkowski G. (2006), *Safety of shipping when navigating on LNG tankers in Gulf of Gdansk while approaching a prospective LNG terminal in Gdansk Port Północny,* Polish Academy of Sciences Committee of Transport, Archives of Transport, ISSN 0866-9546, Index 2001901, Volume 18 issue 2, pp. 67-82. Warsaw 2006.
22. Rutkowski G. (2016), *Safety of Shipping when Navigating on the PS Class Container Vessel Emma Maersk While Approaching DCT Terminal in Gdansk Port Północny*, In Polish: *Analiza bezpieczeństwa nawigacyjnego podczas manewrowania kontenerowcem klasy PS 'Emma Maersk' na podejściu do terminalu Gdańsk Port Północny,* http://www.transnav.eu, DOI: 10.12716/1001.10.03.13, TransNav the International Journal on Marine Navigation and Safety of Sea Transportation, Volume 10, Number 3, September 2016, pages 481-488, in English, ISSN 2083-6473 EISSN: 2083-6481, Poland 2016.
23. Rutkowski G. (2012), *The use of a 3D model of ship's domain for the assessment of navigational safety of PS class containers, such as Emma Maersk, during*

*approach manoeuvres to the DTC Terminal in Gdansk Port Polnocny*, In Polish: *Wykorzystanie przestrzennego modelu domeny do oceny bezpieczeństwa nawigacyjnego kontenerowców oceanicznych klasy ps, takich jak Emma Maersk, podczas manewrów podchodzenia do terminalu DTC Gdańsk Port Północny*, zeszyty naukowe Akademii Marynarki Wojennej, ZN AMW Rok LIII zeszyt Nr 2 (189), str. 123-140, Gdynia 2012.

24. Schofield R.B., (1974), *Speed of Ships in Restricted Navigation Channels*, Journal of the Waterways, Harbours and Coastal Engineering Division, May 1974.
25. Smolarek, L., Weintrit, A. & Guze, S. (2016), *The area-dynamic approach to the assessment of the risks of ship collision in the restricted water*. Scientific Journals of the Maritime University of Szczecin No. 45, 88–93.
26. Teekay Shipping SA, Internal Navigational Procedure, 2019.
27. Vermeer H. (1977), The Behaviour of Ship in Restricted Waters, International Shipbuilding Progress, No 280, 1977
28. Weintrit, A. (2017), Ed., Marine Navigation and Safety of Sea Transportation (CRC Press/Balkema, CRC Press/Balkema, 2017).
29. Wielgosz, M. and Pietrzykowski, Z. (2012), *Ship Domain in the Restricted Area - Analysis of the Influence of Ship Speed on the Shape and Size of the Domain.* Scientific Journals of the Maritime University of Szczecin, 30(102), 138-142, 2012.
30. Zong Z., (2017), An introduction to ship hydrodynamics, *Introduction to Naval Architecture,* 4th edition, Elsvier, by E. C. Tupper, Aalto, Finland, 2017.
31. Kabaciński J., (1993), Stability and unsinkability of the ship, In Polish: Stateczność i niezatapialność statku, WSM Szczecin, Poland 1993.

## Recenzenci:

1. dr inż. kpt.ż.w. Andrzej Królikowski, Profesor Akademii Marynarki Wojennej RP w Gdyni, e-mail: ann.krolikowska@wp.pl,

2. mgr inż. kpt.ż.w. Jerzy Puchalski, Wydawnictwo Trademar Gdynia, e-mail: puchalski.jerzy@wp.pl,

3. mgr inż. kpt.ż.w. Łukasz Lewkowicz., Członek Rady Stowarzyszenia Kapitanów Żeglugi Wielkiej w Gdyni, e-mail: lewkowicz.lukasz@gmail.com.

4. Korekta językowa: mgr Aleksandra Rutkowska, absolwentka Wydziału Anglistyki Uniwersytetu Gdańskiego w Gdańsku, e-mail: olrutk@poczta.onet.pl.

Printed by Books on Demand GmbH, Norderstedt / Germany